放下烦恼，
心暖 花开

华 阳◎编著

中国华侨出版社

图书在版编目（CIP）数据

放下烦恼，心暖花开 / 华阳编著. —北京：中国华侨出版社，2015.12（2021.4重印）

ISBN 978-7-5113-5849-3

Ⅰ.①放… Ⅱ.①华… Ⅲ.①人生哲学—通俗读物 Ⅳ.①B821-49

中国版本图书馆CIP数据核字（2015）第306985号

放下烦恼，心暖花开

编　　著 /	华　阳
策划编辑 /	周耿茜
责任编辑 /	文　喆
责任校对 /	孙　丽
封面设计 /	尚世视觉
经　　销 /	新华书店
开　　本 /	710毫米×1000毫米　1/16　印张/16.5　字数/198千字
印　　刷 /	三河市嵩川印刷有限公司
版　　次 /	2016年2月第1版　2021年4月第2次印刷
书　　号 /	ISBN 978-7-5113-5849-3
定　　价 /	45.00元

中国华侨出版社　北京市朝阳区静安里26号通成达大厦3层　邮编：100028
法律顾问：陈鹰律师事务所
编辑部：（010）64443056　64443979
发行部：（010）64443051　传真：（010）64439708
网　　址：www.oveaschin.com
E-mail：oveaschin@sina.com

前言

现代社会人们的生活和工作节奏变得越来越快,诸事纷至沓来,难免会遭遇一些自己不想却又避免不了的人和事。于是有些人就将"最近比较烦"挂在了口头上,眉头紧锁,焦躁不安,以至于再也抓不到幸福的身影了。但是另一些人,虽然也避免不了被诸事缠身,但是却很少将"烦"挂在嘴边,他们看起来内心平静,很享受生活和工作,很幸福。同是奔波忙碌,同样诸事缠身,为什么这两类人差别会如此巨大呢?

一个人之所以烦恼,是因为他的内心不能平静下来,内心中的羁绊太多:内心充满了欲望,不断地追逐名和利,终日患得患失,自然也就陷入一个又一个烦恼之中。其实很多时候,烦恼都是自己找来的,只要自己能够调理好内心,看开一些问题,那么烦恼自然也就不再光顾我们的心灵了。

北京大学著名教授金克木的临终遗言是:"我是哭着来,笑着走。"一生淡泊名利的他,很少谈论自己,也很少接受别人的采访。晚年更是深居简出，以著述为本分。80岁生日时人们要给他祝寿，他坚决拒绝，并风趣地说，我可不希望提前听到给我致悼词，他认为祝寿时和悼念时都会对人充满溢美之词，其实质是一样的，没有多大意义。就是这份从容和淡然，让其放下了所有的烦恼，让金老的一生变得厚重与有意义。

我们也应该学习金克木先生的这份放下，放下困扰着我们的烦恼，敞开心扉迎接春天的气息，"心无一物"，摒弃心中的一切杂念。正如萧伯纳的一句话：痛苦的秘诀在于有闲工夫担心自己是否幸福。

放下烦恼需要我们清除内心的污垢，珍惜拥有，放下执念，学会换个角度看待自己和周围的人与事，宽恕别人的过错，积攒心态和情绪上的正能量，不戚于逆境，不自满于成功。如此，我们才能远离烦恼，俘获难得的宁静，体悟人生幸福的真意。

落花无语，却留香阵阵。人生就像一条河流，不管是顺流还是逆流都只是一个过程，最终的结果都会汇入大海变为汪洋。可以说，放下烦恼是人生的一种最高境界，它让我们不再刻意追求辉煌，而是用全部的生命和信念，用不屈的坚韧和灵活的弹性，谱写生命的华章，寻找幸福的真谛！

目录

第一章　将烦恼融化在心间 / 001

当我们心中被莫名的烦恼所侵袭时，我们应该学会将这些不速之客消灭在心间。很多时候，烦恼都是自找的，那些杞人忧天的想法，让我们过于看重金钱，盲目地和别人比较，以至于我们变得越来越浮躁。所以，抽出时间，让自己静下来，摒除一些杂念，梳理一下内心，你就会发现，曾经困扰你的烦恼已经烟消云散了。

烦恼往往是自找的 / 002

生活中的烦恼一半来自浮躁 / 005

看淡金钱，注重心灵上的修养 / 008

智慧的人从来不会盲目和别人去比较 / 012

静下心来想一想，有多少烦恼属于杞人忧天 / 014

放下烦恼，美丽就在你身边 / 018

幽默是烦恼的"解药" / 022

第二章　珍惜拥有，得失随缘 / 025

对我们来说，什么才是最值得珍惜的？不是那些曾经拥有却最终失去的，也不是那些还未拥有却一直期待和渴望的。在这个世界上，真正值得我们珍惜的是，现在我们真实拥有的人，真正在做的事情。切莫对现在拥有的视而不见，一味地患得患失，只会让我们陷入烦恼的旋涡之中。

拥有的才是最值得你珍惜的 / 026

珍惜属于你的幸福 / 029

患得患失，你会失去更多 / 032

不要变成依赖别人的"寄生虫" / 035

贪欲是饵，越靠近越危险 / 037

舍弃多余的"包袱" / 041

明智地放弃，胜过盲目地执着 / 045

乐于忘怀内心才会幸福 / 047

第三章　执迷衍生烦恼，淡然才会超脱 / 051

　　人生需要执着的奋斗精神，但是执着不等于执迷，当一个人忽视自身情况和外界环境，一味地追求所谓梦想的话，就会陷入执迷的梦魇，被烦恼所环绕。智慧的人生是淡然的，看重而不执迷，参与而又超脱。这样，人生才会活出原味，才会和烦恼绝缘，长久地拥抱幸福。

　　淡然，人生的"原味" / 052

　　名利身外物，潇洒活一回 / 055

　　欲望如火，放任只会焚身 / 058

　　贫贱抑或富贵，都要淡然地生活 / 062

　　莫要太看重身外之物 / 065

　　虚荣让人复杂，淡然还原本真 / 068

　　放下偏执，言出行随 / 071

　　任何时候我们都要宠辱不惊 / 074

　　学会沉淀，才会幸福 / 076

第四章　学会变通，换个角度人生才会豁达 / 079

　　人生在世，个人不会总是心想事成。在遭遇到困难、陷入无尽烦恼之中时，我们不妨变通一下，换个角度看问题，也许之前困扰我们的条条框框便会烟消云散，曾经不可能逾越的坎坷也会成为我们奋起的源泉和动力。人生需要变通，心灵需要灵活，生命才会更有质量，快乐才会相伴身边。

　　规矩固然要遵守，也要学会变通 / 080

　　对生活和工作不要太苛求 / 084

　　现在还没有成功，是因为失败的次数还不够多 / 087

　　贫穷不是平庸的开始，它可以让你前进的脚步更有动力 / 090

　　没有其他选择的时候，往往是最好的时候 / 092

　　相信自己年轻，那么我们就真的年轻了 / 096

　　有时候糊涂一些你才会更快乐 / 098

第五章　宽恕别人就是宽恕自己 / 103

　　人要生存，就必须融入社会，而社会是人的社会，融入的过程就必须和人打交道。这个过程中，也许你会受到别人的嘲讽和伤害，假如你针尖对麦芒，也去嘲讽和伤害别人，也许最终你能占得上风，但是你绝对不会在这个过程中享受到幸福和快乐的滋味，你能获得的仅仅是无尽的烦恼。只有懂得宽恕别人的人，才会让自身变得更加幸福，更加快乐。

　　包容不同意见，内心会不断丰满富足 / 104

　　接纳才会有爱 / 107

　　吃亏是福，斤斤计较伤人伤己 / 110

　　对别人的诋毁一笑而过 / 114

　　以德报怨，换来温暖 / 117

　　感恩对手，你才能快速成长 / 118

　　放弃争论，大肚能容 / 122

　　学会原谅别人的过失 / 125

第六章　天堂和地狱只在一念间 / 129

　　积极的心理暗示是我们生活幸福、事业成功的精神基石，很多时候，它就是这么神奇，当我们不时地进行积极自我暗示时，那么我们的生活和事业也就相应地朝着积极的方向发展。可以说，积极的心理自我暗示，是一种神奇的"魔法"，拥有它，我们的世界也就随之而改变。

　　积极的人生离不开积极的心理暗示 / 130

　　改变自己的内心，世界也会随之改变 / 133

　　发现自己的闪光点，并放大它 / 136

　　好心态的关键是经常暗示自己很快乐 / 139

　　做任何事情之前，先相信自己能成功 / 141

　　如果有人打击你，请不要当真 / 144

　　相信自己运气好，好运就会眷顾你 / 146

　　生活平淡时，要暗示自己一切都好 / 148

　　坏事发生时告诉自己"没啥大不了的" / 151

第七章　逆境是上帝给予的礼物 / 153

遭遇逆境，陷入困局，并不可怕，可怕的是我们失去战胜逆境和困局的欲望和信心。很多时候，逆境并不如我们想象的那般可怕，当我们能够耐心地面对，秉持坚韧之心，善用心态的正能量，那么我们就会爆发出巨大的潜能，战胜逆境，并且凭借在逆境中的收获，一飞冲天。

人生是长跑，考的是耐力 / 154

阳光总在风雨后，请相信有彩虹 / 155

做事半途而废的人，永远别想成功 / 157

比别人多努力半步，成功就会属于你 / 160

成长动力是汇聚逆境正能量的法宝 / 162

培养看家本领，助你走出逆境 / 164

累积小的成功体验，增强前进的信心 / 167

不断完善自我，向成功发起持续冲击 / 170

第八章　珍惜现在，品味过去，期待未来 / 173

　　对我们而言过去再美好也不能回转，未来再期待也不能掌握在手中，我们能够真切感受并掌握的只有现在。珍惜现在，过去才更有意义，未来才更值得期待。假如失去了现在，虚度了光阴，那么人生就没有未来，生命也会失去色彩。

　　活在当下，珍惜每一天 / 174

　　不要过多沉溺过去幻想未来 / 177

　　简单生活是摆脱烦恼的"良药" / 180

　　再大的成功也会烟消云散 / 184

　　生命轨迹，从已经拥有的开始 / 187

　　与其临渊羡鱼，不如退而结网 / 190

　　人生如戏，需要你忘我演出 / 192

　　美好未来，用心拥抱 / 195

第九章　远离喧嚣，汇聚情绪正能量 / 199

　　红尘喧嚣惹人烦，内心宁静，才会看透生活的本质，让人生回归快乐幸福的源泉。很多时候，我们需要静下来梳理一下情绪，看看情绪是不是充满了正能量，能不能给我们的内心充电加油。当我们能够说服自己远离烦恼的时候，我们就能让自己从烦恼中脱身，笑看生命之路上的风云变幻。

　　顺其自然，让心归于宁静 / 200

　　舒缓情绪，开启不焦虑的活法 / 203

　　放弃沮丧，快乐是可以被创造的 / 206

　　悲伤会让身体里的负能量越积越多 / 208

　　学会消除愤怒，给你的心灵减负 / 211

　　不忌妒，别让你的心态失衡 / 213

　　专注会让你沸腾的心平静下来 / 215

　　及时清空心灵的"回收站" / 218

第十章　凡事不要勉强，做自己想做的事情 / 223

人生最幸福的事情就是做自己想做的事情，让自己的人生足迹追随梦想的指引延伸到远方。假如我们总是以各种借口强迫自己做那些内心排斥的事情，说自己原本不想说的话语，那么我们的内心自然不会快乐，烦恼也会如影相随。所以，人生在世，我们应该追求本心，做自己想做的事情，这样的人生才是最精彩、最快乐的人生。

接纳自我，幸福的前提是爱自己 / 224

回归自我，走真正属于你的路 / 227

选择感兴趣的事，工作才有激情 / 230

梦想其实也有保质期 / 233

积极进取，幸福要靠双手来创造 / 235

坚定信念，梦想自然成真 / 237

一条路走不通，还有无数条路可以走 / 240

改变不了事实，不如改变自己 / 244

第一章
将烦恼融化在心间

当我们心中被莫名的烦恼所侵袭时，我们应该学会将这些不速之客消灭在心间。很多时候，烦恼都是自找的，那些杞人忧天的想法，让我们过于看重金钱，盲目地和别人比较，以至于我们变得越来越浮躁。所以，抽出时间，让自己静下来，摒除一些杂念，梳理一下内心，你就会发现，曾经困扰你的烦恼已经烟消云散了。

烦恼往往是自找的

  人生在世,有很多烦恼完全是自找的,正所谓"世上本无事,庸人自扰之。"很多时候,人们习惯将注意力集中于一些负面的事情上,总是斤斤计较自己的得失,看不开,放不下,在自己的周围织就了厚厚的"茧"。这样一来,人生只会徒增烦恼,处处碰壁,让心陷入黑暗之中。

  烦恼大都是自找的,你也许会因为自己做得不够好而生闷气,也许你会因为别人的讥讽而变得浮躁、易怒,但是这些烦恼都是你自找的,真正受到伤害的还是现在的你。当一个人将烦恼寄托给流逝的时光,收到的必定是天天烦恼;将烦恼转嫁给别人,那么到头来仍然是自寻烦恼。所以,你要学会将烦恼从内心剔除,只有你不接受烦恼给予的种种"小礼物",你才会变得开心幸福起来。

  有两个人,一边赶路一边聊天,其中一个人感叹道:"这个世界真不公平啊,有些人富可敌国,可是我却这么穷,要是这个时候能够从天上掉下一大捆钱来,那该多好啊!喂,你说,要是天上真的掉下钱来，我应该怎么办呢？"另一个人听了，很自然地回答道："还能怎么办，咱们一人一半，分了啊！"

"那怎么行，"第一个人说，"钱这东西，谁捡到就是谁的，凭什么我要分你一半呢？"

"你这话真搞笑，咱们两个今天一起出门赶路，捡到了钱，难道你还想独吞不成？你真自私，守财奴！"另外一个人用手指着对方的鼻子，越说越激动。

"你说什么？自私？守财奴？你再说一遍试试。"第一个人脸色也变了，语气开始强硬起来。"哎呀，我好害怕啊！说就说，你就是个自私鬼，守财奴！"另一个人不甘示弱，针锋相对道。

话音未落，两个人就扭打在了一起，你一拳我一脚，彼此嘴里还不停地咒骂着对方。这个时候，一个路过的青年见状上前拉架，费了九牛二虎之力才将两个人分开。弄明白了他们打架的原因之后，青年忍不住大笑起来说："我还以为你们当真捡到了钱呢，连一分钱都没捡到，你们就打起来了，真想不到啊！"

这个时候两个人才回过神来，打了半天架，原来并没有捡到什么钱，耽误了时间、伤害了彼此的身体不说，还使得原本亲密的友谊出现了裂痕，真是自寻烦恼啊！

这两个人正是自寻烦恼者的典型表现。事实上，我们的烦恼，往往不是因为外在的或别人的原因所致，而是因为我们自己将自己困住了。当我们想要摆脱烦恼的时候，应该首先问一问自己的内心，那些所谓的"烦恼"是不是真的烦恼呢？很多时候，烦恼都是你自己强加给自己的，是来自于内心的困扰，只是你觉察不到罢了。就像上面故事中的两个人，为了凭空想象出来的钱扭打在一起，在别人指出他们行为的可笑之时，他们才恍然大悟，一切的烦恼都是他们自找的。

虽然很多人都明白烦恼往往是自找的，但是很多时候却控制不住自己。也许你望着远处的白云渐渐变得缥缈，会忽然觉得，烦闷从天而降，苦恼也在心中激起巨浪。这个时候，不必怕，轻轻闭上眼睛，想一些快乐的事情，或者唱一首喜欢的歌，或者踏上山地车远行……解铃还须系铃人，烦恼是自找的，解脱之道还需自己去摸索。虽然有时候，别人的宽慰和帮助能够让你暂时放下烦恼，但是却如野草一般，除不了根，时间久了，它还会再度袭来。唯有从内心深处发掘自我解脱的方法，祛除烦恼的根源，才能彻底摆脱烦恼的滋扰。

人和人性格不同，剔除烦恼的法门也各不相同。很多时候，远离烦恼，其实关键不在于剔除的方法，而在于你的意愿是否强烈。当你在生活和工作中学会放弃，能够放下该放弃的东西，你的心就会变得越来越宽广，烦恼自然也就融化在内心深处。相反，假如你总是斤斤计较，和烦恼过不去，那么你的内心空间就会变得越来越窄，烦恼也会越积越多。智慧的人在遭遇烦恼后，会让烦恼在心间停留几分钟，然后忘掉，他们相信自己能够开心地走下去，前面的天空属于自己。如此一来，烦恼自然也就随风而散了。

当你在追逐某个目标的过程中失败的时候，你不妨试着找一个理由来安慰自己，让结果变得更容易接受。也许有人觉得这种做法是自欺欺人，其实不然，它是一种很好的缓解情绪的方法。当烦恼出现的时候，你不妨试着进行自我抑制，平稳一下情绪，在心里暗示自己，烦恼只是暂时的，是无根之萍，闭上眼睛深呼吸一下，它就会从我们的心间飘过。假如自抑的方法效果不是太好，你也可以向亲友诉说一下，或者找一个无人的地方大哭一场，这样的话，内心中的负能量就会发泄出来，正能量才会回归。

烦恼也是一天，快乐也是一天，我们为什么不让生活中多一些笑脸呢？遇事多往好的方向思考，烦恼自然也就变少了。当你学会用快乐来稀释烦恼的时候，你的人生色彩就会变得越来越靓丽。

生活中的烦恼一半来自浮躁

生活中，很多人都会有这样的心路经历：无事可做的时候，内心会渐渐不安起来，一会儿想这个，一会儿又想到那个，原本无波的心湖开始飘忽不定起来。其实这就是一种浮躁的心理状态，在这种状态下做事，往往什么也做不好，即使是简单得不能再简单的事情，也有可能会出错。这样一来，你就会陷入一种恶性循环之中，出错—烦躁—再出错—更烦躁……长久以往，生活和工作就会失去乐趣，心情也会变得越来越糟糕。由此可见，生活中的烦恼一半都来自于浮躁。

古人常说："祸福无门，唯人自招。"意思是灾祸和幸福都是人们自己招来的。其实这句话稍微改动一下，也很形象地诠释了烦恼和浮躁之间的关系，"烦躁无形，心静则是。"很多时候，一个人之所以觉得烦躁不安，是因为他的内心浮躁，做事浅尝辄止，好大喜功，爱攀比，不肯脚踏实地地生活。

有个年轻人在湖边钓鱼，距离他一米远的地方坐着一个老人，也在守望者一根长长的鱼竿。一个小时过去了，年轻人尽管频繁地提起鱼竿，查看鱼钩，但是却一无所获。而那个老人虽然提竿的次数不多，但是每次提起来，鱼钩上必然会挂着一条银光闪闪的鱼。

一开始年轻人不服气，觉得自己之所以钓不到鱼，只是运气不好罢了。这样想着，他想钓到鱼的心情更加急迫，提起鱼竿的次数也越来越频繁，但是一小时过去了，他还是一条鱼也没有钓到。这样的结果让年轻人烦恼不已，最后他干脆将手中的鱼钩使劲摔在一边，生起了闷气。

老人见状，笑着问年轻人道："你是不是很烦恼？咱们两个人钓鱼的地方一样，用的鱼饵也都是蚯蚓，为什么我能钓到鱼，你却一条都钓不到？"年轻人不语，还在生着闷气，显然老人所提的问题也是他一直想不明白的地方。

老人停顿了一下，然后微笑着说出了问题的答案："因为你内心比较浮躁，情绪不稳定，以至于动不动就提起鱼竿查看，鱼儿感觉到了你的存在，它们怎么会上钩呢？而我钓鱼的时候，内心平静，默默地守着鱼竿，这样一来鱼儿自然也就感觉不到我的存在了，所以它们会咬我的鱼饵。最终的结果是，你的浮躁带给你更多的烦恼，而我却收获了垂钓的乐趣。"

老人是智慧的，懂得浮躁滋生烦恼，善于让内心宁静下来，最终享受到了垂钓的乐趣。也就是说，心静则浮躁不生，要想让自己内心远离浮躁，你必须首先让自己的内心平静下来。如此，你才能专心做事，脚踏实地地走向人生目标，拥抱成功的快乐。假如内心不能平静，为浮躁所占据，那么你最终就如同那个青年一样，不仅钓不到鱼儿，还会陷入无尽的烦恼之中。

另外，生活和工作之中，保持一颗平常心很重要。很多人之所以浮躁，大都是因为他们内心中的欲望太多，而且这些欲望和现实脱节，虽然他们也会努力去实践，但是却因为不切实际而频频失败。这些人在失败之后会变得更加浮躁，他们嫌弃自己现实的生活，总觉得自己能够过得更好，更能够超越所有的人，但是追来追去，失败不断，渐渐地最初的锐气就没有了，只剩下怨气和火气，满腹牢骚，遇事也不再脚踏实地了。

由此可见，拥有一颗平常心，可以让你远离浮躁，和烦恼绝缘。佛说，生命中的许多东西是可遇不可求，刻意强求的得不到，而不曾被期待的往往会不期而至。所以，智慧的人生需要一颗安闲自在的心，淡然处世，不急躁，不怨恨，不强求，不沮丧，不畏惧，不以物喜，不以己悲。如此，内心自然不生浮躁，烦恼自会远去。

虽然很多时候我们不能左右自己的人生，经历酸甜苦乐，但是我们可以试着在逆境中泰然面对，乐观看待现实，如此就会在困境中找到光明，收获难得的欢愉。你要你有一颗淡然的心，宽广似海，如此，即使面对突发事件，你也能平静地面对，拿得起，放得下。

人生之路，你还需要学会忍耐。这样，当你暂时陷入泥沼时，你才不会浮躁地盲动，不会立即否定自己，也不会偏执地怨天尤人。事物总是运动的，在忍耐中等待命运转折的时机，最终你才能真正掌握自己的人生轨迹。假如你不善于忍耐，浮躁地做些蠢事，那么虽然你能痛快一时，却可能悔恨一世。即使你一瞬间觉得自己拥有了世界上所有的烦恼，你也要在内心中努力说服自己：忍耐，再忍耐一会儿，转机随后就会出现，幸福最终会降临。这样你的头脑才会保持清醒，思绪才能理顺，选择对的方向，做应该做的事情。

所以，当你觉得内心浮躁的时候，不妨试着放下手中的事情，做几个深呼吸，让心情平静下来，闭上眼睛，冥想过去、现在和未来。这样，浮躁的心自然就会平静下来，当你睁开眼睛的时候，你也会从烦恼中脱困而出！

看淡金钱，注重心灵上的修养

生活中，每个人都避免不了和金钱打交道：穿衣需要钱，吃饭需要钱，住房需要钱，出行也需要钱……似乎，做什么事情都需要金钱。

由此，一些人慢慢就觉得在这个世界上，金钱是万能的，有了它，就能购买所有的东西。

是的，生活中，没有钱是万万不行的。金钱能够为我们带来物质上的富足，让我们的生活质量更高、更优越。但是这并不意味着有了金钱就能拥有一切，虽然金钱能够购买来物质，但是却很难购买来精神上的富足。很多有钱人其实烦恼并不比没钱人少。《红楼梦》中有一首歌："世人都晓神仙好，唯有功名忘不了！古今将相今何在？荒冢一堆草没了！世人都晓神仙好，只有金银忘不了！终朝只恨聚无多，及到多时眼闭了。"意思就是人要看淡名利金钱，人生才会更加幸福快乐。

人生就如同一场轮回，我们赤裸裸地来到这个世界，最终还是要双手空空地离开，不可能将一生积累下来的物质财富都带走。由此看来，人生在世，应该追求心灵上的富足，着眼于精神上的升华，而不是眼中只有钱。金钱乃身外之物，即使你得到了数不尽的金钱，它们到头来也只是过眼云烟，终究是一场空。

智慧的人知道，金钱够用就好，不必过分去追求。对他们来说，人生最富有的时刻，不是坐拥亿万金钱，而是在心灵富足，充满愉悦的那一刻。

美国青年麦克的父亲罗曼先生，在一家证券交易所上班。他的薪水不是很多，而且每月的薪水中有一大半要用来购买药品，剩下的钱还要接济一些亲友，所以日子过得非常拮据。在他们生活的那个小镇里，麦克家是唯一没有购买汽车的家庭。

在小镇建立日那天，一辆崭新的小汽车出现在了一家百货公司的橱窗里，百货公司决定在当晚以抽奖的方式，将这辆崭新的小汽车回赠给消费者。罗曼也参加了这个抽奖活动，这一次，幸运女神眷顾了他，当高音喇叭宣布罗曼为那辆小汽车的得主时，麦克简直不敢相信自己的耳朵。

罗曼先生拿到了车钥匙，在众人的瞩目下开动汽车，缓缓前行。有好几次，儿子麦克想上车和父亲分享这一幸福的时刻，但是都被父亲拒绝了。最后父亲竟然冲着他大声吼道："不要来烦我，让我清静一下!"麦克很受伤，回家后将自己的遭遇告诉了母亲，母亲听了后则十分理解父亲，她温和地对麦克说："你误会你父亲了，他现在正在思考一个金钱和心灵的问题，我想他很快就会找到答案的。"麦克不解，问道："为什么？父亲中奖，得到了一辆小汽车，难道不是应该高兴的事情吗？怎么却要思考金钱和心灵的问题呢？""因为那辆汽车原本并不应该属于我们，来，你看看这个。"母亲边说边拿出两张活动彩票存根。

麦克好奇地接过来，看到存根上的号码分别是"315"、"316"。母亲指着"315"告诉麦克："这张是你父亲的，而中奖的那张是'316'，最初你父亲在参加活动的时候，曾经告诉过他的老板雷吉，可以帮助他也抽一张，'316'就是你父亲给雷吉抽到的。"

"雷吉？汽车应该归爸爸，雷吉是一个千万富翁，家里有十几辆汽车，他不会在乎那辆小汽车的。"麦克情绪激动地说道。这个时候，父亲罗曼回到了家，径直走到最里面的房间，麦克听到父亲给雷吉打了电话。第二天，雷吉的司机敲开了门，送来一盒雪茄，然后将那辆小汽车开走了。

麦克一直等到26岁才拥有了一辆属于自己的小汽车，经历了人生的风雨之后，他终于理解了父亲和母亲当年的决定。回首之时麦克总是深有感触，觉得在父亲给雷吉打电话的那一瞬间，才是他们一家最富有的时刻。

红尘之中，看淡金钱，注重心灵上的修养，才能收获巨大的精神财富，让自己变得愉悦起来。就如故事中罗曼先生所做的那样，他放弃了不属于自己的物质，选择了道德，收获了愉悦，获得了精神上的满足。假如他当时没有那么做，而是紧紧地抓住到手的小汽车不放，那么可以想象，在之后的日子里，他会因此而不断地在内心拷问自己，陷入无穷无尽的烦恼之中。

所以，金钱够用就好，保证自己和家人衣食无忧，在物质上不短缺就可以了。闲暇的时间你不妨摆弄一下花花草草，陶冶一下性情；抑或安静地读一本书，走进一个精彩的书中世界，让心灵宁静下来……

可见，金钱再多也是外物，心灵上的富足才是个人幸福的基础。让心灵富足起来吧，如此，面对纷繁复杂的人生，你才能够淡然处之，将烦恼摒弃于心门之外，让幸福和欢愉常驻心间。

智慧的人从来不会盲目和别人去比较

人生是自己的，个人命运不管是幸运还是多舛，最终都需要自己承担。也就是说，过好自己的人生才是最重要的，不管你的人生在别人看来是幸福还是坎坷，是富足抑或贫贱……

但遗憾的是，很多人不明白这一点，总是忽视自己的人生，盲目地和别人进行比较：相貌平平者喜欢和漂亮的俊男靓女比；家境一般的人喜欢和一掷千金的老板比；普通人喜欢和明星、名流比……如此一来，差距自然一目了然，将自身摆在那些成功者面前，个人难免自卑自贱。这种盲目的比较，就是我们心灵烦恼动荡的根源所在，很容易让我们迷失真正的自我。所以智慧的人从来不会盲目地去和别人比较什么，他们知道这种比较的代价就是丢掉平静淡然的内心，让人生陷入无尽的烦恼之中。

2003年，瑞典男子帕尔姆在挪威租借了一条渔船，他把那条渔船推到海中，让它随波逐流地漂远，然后自己悄然离去。那条渔船逐渐地消失在了茫茫的大海中，而帕尔姆自此也没有什么音信了。

帕尔姆的家人和朋友经过一系列的寻找，一点消息也没有，大家都认为他已经葬身在大海中了。但实际上，帕尔姆却躺在欧洲南部的海滩上，享受着悠然的"新生"。他在几个国家走走停停，没钱了就打工，筹够了钱就去别的地方游玩。在此期间，他从来没有动用自己银行账户中的钱，也没有告诉任何人自己还活着。

两年之后，已经27岁的帕尔姆终于开始想念他的家人了，于是和家人取得了联系。他的父母经历了震惊、狂喜和气愤，之后要求帕尔姆赶快回家，就这样，他"死而复生"了。帕尔姆说他出走之前总是不由自主地和别人比较，觉得自己婚姻失败，事业也一事无成，很自卑，甚至产生了轻生的想法。后来他下定了决心，抛开原来的生活，寻找真正的自我，换了一个活法，就这样制造了自己死亡的假象。也正是如此，他看到了真实的自我，再也不会和别人盲目比较了，他也从中收获了幸福。

一个人，真的死去是一幕悲剧，但伪装死去则是一幕喜剧。虽然帕尔姆的创意有些离谱，但是效果却非常好。帕尔姆的经历经过媒体报道后，成为人们茶余饭后谈论的话题，甚至被改编成了电视剧。当人们提起帕尔姆的时候，总是面带笑容，显然，大多数人们都觉得帕尔姆的故事只是让人一笑而过的闹剧罢了，但是事实真的是这样吗？

五年之后，一个热点回顾节目再次回顾帕尔姆的故事。节目的记者找到了帕尔姆，却意外地发现他的生活相对于五年前已经发生了巨变，帕尔姆从最初一事无成的小店员变成了事业有成的商人，不负责任的浪荡子成了诚实守信的丈夫和父亲，他不仅成功地挽救了自己的婚姻，而且还育有两个可爱的孩子。他成为家人的骄傲，成为大家的偶像。

其实帕尔姆"死亡"的那两年,他不止一次想到过真正地结束生命,溺水、触电、跳崖,最后才意识到,他的生活之所以处处充满了烦恼,不开心,一切根源都在于他总是盲目地和那些成功的人比较,显然这样的比较让他觉得自己更加渺小,微不足道。帕尔姆说,每当和那些成功人士比较的时候,他总是感觉自己的人生一败涂地,于是想到了死亡,但是他又害怕真的死去会让自己后悔,所以才给了自己一个机会,在众人面前"死"了一次。假如不是这次走访,也许人们永远不会了解到真相。

由此可见,如果每个人都能明白这个简单的生活道理——不要盲目地和别人攀比,充分享受自己的生活那么我们的人生将不会再充斥着烦恼,幸福和快乐将永伴心田。

静下心来想一想,有多少烦恼属于杞人忧天

古人云"天下本无事,庸人自扰之"。最典型的故事就是杞人忧天。有意思的是,现代人依然不间断地以不同的角色、形式演绎着忧天的傻事。世间有很多烦恼都是自己忧心忡忡的,烦恼了半天,却什么事也没发生。也有人因为小事看不开,钻牛角尖,自然"烦恼绵绵无绝期"。当然还有人常常明明知道自己心中的疑虑是杞人忧天,明明解决不了,却心里还放不下,烦恼很久甚至一辈子。其实很多道理心

里都懂，知道应该放下，但还是不敢肯定这些想法，缺乏自信，老觉得自己要有事烦恼才安心似的。

一个年轻人感到自己在人世间的生存压力越来越大，他不知道如何应对，于是干脆到郊外散步、放松。

当他路过一片枫树林的时候，无意中听到一阵悠扬的钟声，他便顺着钟声寻去，结果来到一座寺庙前，发现一长老拄着杖，气定神闲地打坐，看起来非常悠闲。于是这个年轻人便虔诚地坐下去。长老于是睁开眼睛看了年轻人一眼，问他："年轻人，你在尘世遇到了什么困难？"年轻人答道："我对前途感到十分迷茫，不知长老有何妙法排解？"长老捋捋白须，呵呵笑道："妙法谈不上。不过我有一个办法或许能帮到你。"说着长老就拿出一块折着的白纱布，"这个你带回家，每天早晚各看一次，症结自然消解。"年轻人接过白纱布，看到上面写着四个大字。

年轻人回到家后，早晚各看一次，想一遍纱布上的四个遒劲的大字，顿时精神为之一振。后来年轻人潇潇洒洒地过完了一生，创造了不菲的人生价值。尽管他的生存压力仍在，但已不再感觉沉重，更不会招架不住。而这四个字就是"惧者生存"。

其实生存不容易，唯惧者胜出。惧者，乃心怀忧患、倍感危机之人。唯有惧心相随，才能让人有切肤之感，进而迸发出生命最原始的活力，最激越的精神，最昂扬的斗志。现代就有好多人像上面说的年轻人一样，每天为了一些不必要的小事而烦恼，为工作上讨厌的人而烦恼，为未来而烦恼，有的人还会美其名为自己在进行职业生涯规划，还有的人为一些本不需要他烦恼的朋友烦恼，为爱人爱不爱自己而烦恼，为爱人会不会变心而烦恼，为自己的衣服打扮好不好看而烦恼……花了无穷的时间烦恼这一切，却不能减少烦恼，反而使自己或别人困扰得要命。

许多我们一直担心的事情其实追究其根源还是在自己的身上。生活中出现的烦恼多是心理问题，想得太多、心思过重，所以就导致了很多人往往会自寻烦恼，自己给自己套上枷锁，从而搞得自己疲惫不堪。当然，这种来自自身的困扰我们往往不易察觉，更难以用笔"圈"定。错把不必要的烦恼当作未雨绸缪的心态是可怕的，这样只会浪费更多的时间于无结果的思考，少了足够的经历去实践自己的梦想。

有一位先生，常觉得工作上的事细微而烦琐，生活压力很大，因此每天愁眉苦脸，似乎是天天重担压心头。他的太太每天看了他的样子都觉得心疼，总说丈夫的自我要求太高，也太要求完美，所以常想不开。让他试着放松自己，不要对自己太过苛刻，而他还是依旧每天烦恼不堪，脾气也越来越坏。后来，太太建议他们一起出去度个两星期的长假，来改变心情，减轻压力。

丈夫欣然同意前去，在度假中，他发现曾经的那些烦恼竟不会真正发生，工作离开了他还是继续前进，丝毫没有影响，他曾经的那些烦恼真是杞人忧天。于是终于放松了自己的心情，天天看着青山绿水、蓝天白云、鸟语花香，感觉无比逍遥自在，无拘无束。

的确，有时候人操心得太多，想得太多，其实，哪一个烦恼不是自己找来放在脑子里的？如果你有自寻烦恼的习惯，那么，不是危言耸听，每多走一步，你的烦恼会多一倍。

心理学家认为，有大量事实证明，我们的烦恼中，人的脑袋里只有百分之八的烦恼勉强有一些正面意义。也就是说，我们脑袋中92%的烦恼都是自寻烦恼。人常常为许多事心烦，但是心烦的事，不一定值得我们心烦，所以，如果不该烦而烦，就是"自找麻烦"。而且，如果对根本不必操心的事而过度烦心和焦虑，则是"杞人忧天"，更会使自己陷入思绪的困境。所以，要学会不要自寻烦恼，不让烦恼有太多滋长的机会，尽量做一些会使我们精神愉悦的事情，也尽量不跟别人一起抱怨东抱怨西。当烦恼确实来临，试图找到根源，并避免思绪被一些小事烦扰。凡事多往正面看，能够看得开、看得透，能对一切吉凶抱着超然洒脱的态度，就不会自寻烦恼。

那么，从现在开始为自己订下一个准则吧，如果烦恼没用，就不必烦恼。当然，也不要让一条烦恼能经过这个法则的过滤而幸存。烦恼这件小事，会影响血液循环，还会损及你的神经系统。而对于那些有意义的烦恼，也要看你怎么想了。

塞翁况且知道用乐观的心态看待生活中失马这样的小事，那么我们呢？快乐也是一天，不快乐也是一天，虽然很多事感觉很烦，但是若凡事都以乐观的心态来看待，那么或许就会有超乎想象的收获。乐观一些，事情发生了就用平常的心来对待，该怎么解决就怎么解决，不该想的也不要发挥自己的想象力。删除92%的无用烦恼，乐观应对，就有美好的结果。

放下烦恼，美丽就在你身边

很多人都感叹人生的烦恼太多了，碰到大烦恼的时候，有时候顶不住，就想放弃，但是每个人都不是一个单独的存在，身边会有家庭、工作，会牵扯到亲情、友情，是不能轻言放弃的。也有一部分人，执着地站在烦恼上面，不仅解决不了面对的问题，而且还会让自己的人生走进死胡同。

放下烦恼，放下执着，放下种种毫无根据的忧虑。当我们把烦恼踩在脚下的时候，就会发现快乐已经在我们心中生长，美丽就在我们身边。

保险推销员唐里奇虽然每天工作都非常勤奋、卖力，但是因为他性格老实，不懂得钻营，所以拿到的报酬非常少。无奈之下，他不得不找了一份兼职，在朋友开的店里帮忙，每天夜里都要工作6个小时。

有一次，唐里奇下班回家，当时下着雪，路上行人稀少，他加快脚步往家赶，家里有卧病在床的妻子，还等着他回家做饭。快到家的时候，里奇突然发现一个中年妇女正朝着另一条路走去，他知道那条路，再往前走500米，就是当地非常有名的"自杀崖"了。他想到这儿，心一下子紧了起来，也顾不得回家给妻子做饭，紧跟着这个女人，想要挽救这个轻生的人。

里奇紧跑几步，赶上了她。"喂，可以聊聊吗？"中年妇女回头，看到的是一张饱经沧桑，却满是微笑的脸。中年妇女说："有什么好聊的，你没见到我连活下去的勇气都没有了吗？"里奇沉思片刻，对那个中年女人说："到我家去坐坐吧，这样你才会知道自己活得多美、多幸福。"

中年妇女在好奇心的驱使下，跟着里奇来到他简陋的家，看到了里奇卧病在床的妻子。当中年妇女听到里奇的妻子正在筹备病愈之后的旅程时，她羞愧地低下了头，发现面前这两个人非常乐观、美丽，而自己"丑陋"得一塌糊涂。她告诉里奇说："我是一个非常喜爱幻想的女人，小时候总是想着将来能享受生活；大学的时候幻想着有个浪漫的婚姻。但是现在，我结婚已经十几年了，孩子渐渐地长大，可是我却整日地忙碌，心中的烦恼越积越多，最终积累到了一个极限，没有了活下去的勇气。"

里奇的妻子笑着说："我的丈夫常常告诉我，人生短暂，何不放下烦恼，快乐而活呢？这样你就会发现自己的每一天都是那么幸福，周围的一切都那么美丽！"中年妇女听了之后很受鼓舞，感激地离开了。最终，她抛却不必要的烦恼，找到了属于自己的美丽。

其实我们的身边处处有美丽，只是因为我们的眼睛被大大小小的烦恼所蒙蔽，看不到罢了。当我们放下烦恼的时候，就能惊喜地发现，原来幸福就在身边，美丽就在眼前。

很多时候，烦恼都是自找的，都是源于自己，出自《红楼梦》的成语"自寻烦恼"，说的正是这个道理。

正所谓庸人自扰，烦恼大多时候都是自己找到的，所以在生活中，我们要时刻检讨自己，确保自己不去找烦恼，这是让自己快乐的最好方法。但是有时候，往往是找到了烦恼自己才发现，那么这个时候我们就需要及时地放下烦恼。

放下烦恼最有效的良方就是，保持一种淡然，让心态平和宽容，找到一种缓释心情的方法。有个人总是为了工作上的事情生气，有一天，她去洗手间，无意发现洗漱台上放着一个剪裁过的废矿泉水瓶子，里面插着几枝开得正欢的小花。她知道单位并没有在洗手间摆放植物的安排和开支，很明显，这是那个清洁工从废弃的花篮或者垃圾堆中捡来的。想到这个，她满心的烦恼就烟消云散了，要知道清洁工是单位挣钱最少最不让人重视的群体，但是她们却心存美好，从枯燥的工作中发现了美好。并通过自己的额外劳动把这种美好传达给了别人，这是一种多么超然的乐观心态啊！在这种心态之下，什么烦恼放不下？什么美丽发现不了？

罗勃·摩尔曾经在美国的一艘潜艇上当过瞭望员。一天早上，他从潜艇的潜望镜中看到了一支日本舰队正在向自己所在的潜艇逼近。最后，潜艇被逼退到了水下84米的深度，面临着被击沉的巨大危险。

生死未卜之时，摩尔不断地反问着自己："难道这就是我的命运吗？我就要葬身在这里吗？"周围的气氛变得越来越凝重，摩尔开始回想过去生活中的一切：因为买不起房子而和妻子不断地争吵，对孩子要求苛刻等。面对死亡的威胁，他觉得每一个画面都格外珍惜。经历了漫长的16个小时之后，潜艇最终摆脱了日本舰队。从那之后，摩尔变得更加热爱生活了，他说："对生命来说，世界上任何的烦恼和忧愁都显得那么微不足道。"

仔细品味一个我们的现实生活，我们会惊讶地发现生活中原来存在着很多让我们快乐的事情，存在着很多让我们幸福的理由，但是我们却因为一些琐碎的事情和错误的看法以及太富有幻想的挑剔，而不能愉快地享受生活中的每一天，甚至故意抛弃了享受幸福和快乐的权利。

当我们环顾周围的时候，总是能够发现一些人对事物漠不关心，他们整日不见笑脸，郁郁寡欢，就像预感到世界末日将要到来一样，他们回应每一件事情时总是习惯说"不想"、"无所谓"、"不感兴趣"。还有一些人在不停地抱怨着这个世界没有立足之地，亲友、爱人都不能理解自己，感到烦恼之类的话。

当我们在生活中遇到各种烦恼的时候，假如我们摆脱不了它，那么它就像影子一样随时地伴随在我们的左右，生活也就多了一副沉重的担子，压在肩头让我们喘不过气来。所以，要学会放下烦恼，这样在一觉醒来的时候才会感觉到新的一天的到来，放下烦恼和忧愁，生活就会变得简单幸福起来。

幽默是烦恼的"解药"

幽默是一种智慧，是一种品位，是一种人生态度，更是我们心中烦恼之毒的"解药"。生活是琐碎的，每个人都会在生活中遭遇到烦恼的侵袭。假如在生活的过程中，我们的脚步能够变得更加富有节奏，那么人生中的烦恼就会暂时少一些；若我们生活的脚步变得疲惫而沉重，那么人生中的烦恼就会像大山一样压在肩头，让我们窒息。

只要你仔细观察一下，就会发现，虽然烦恼不可避免，但是人们对待生活的态度却大不相同：有的人在遭遇烦恼的时候能够乐观看待，善于从正面化解烦恼，所以他们的生活处处充满乐趣；有的人在遭遇烦恼的时候，则喜欢钻牛角尖，不是和别人斤斤计较，就是和自己过不去，总是让自己变得郁郁寡欢。于是，前一类人在生活中总能邂逅快乐，而后一类则经常掉入苦闷的泥沼中。

古人常说："应世法，微微一笑。"对我们每个人来说，精神上的健康是最重要的财富，人生难免会遭遇坎坷，疾病、婚姻不幸甚至死亡都会不期而遇，但是幽默的人能够用开阔的心胸去包容这些烦恼，用微笑去面对它们。也就是说，虽然烦恼是避免不了的，但是我们可以用幽默的生活态度去面对它。喜剧泰斗卓别林说："幽默是生活的好方法。"这话很有哲理，一个人想要让自己的生活富有色彩，摆脱烦恼的滋扰，就要让自己变得幽默一些。

同时，生活中的幽默也是一种洒脱、积极、豁达、机智、诙谐的生活态度。幽默能改变我们灰暗、消沉的心境，幽默的力量在于调节，它能在领悟全部人生内涵之后，创造新的气氛，以带来可贵的心理平衡，帮助我们找回自信、激情和兴致，使我们精神爽朗、心情舒畅。人生其实苦多乐少，现实生活中常常有许多事情不尽如人意，凡事计较，便会凡事心烦，最好的方法是用幽默化解，让你的生活和别人的生活同样充满欢声笑语。

里根总统在一次白宫钢琴演奏会上讲话时，夫人南希不小心连人带椅跌落在台下的地毯上。观众发出惊叫声。但是南希却灵活地爬起来，在200多名宾客的热烈掌声中回到自己的位置上。这时，里根便插入一句："亲爱的，我告诉过你，只有在我没有获得掌声的时候，你才应该这样表演。"里根的话让原本尴尬的氛围变得轻松活泼，如果是斤斤计较的人怕是会因为在重大场合不得体而耿耿于怀，心情为此而顿时变得糟糕吧。

幽默是对他人一切过失的原谅，是对周围环境的喜剧式的调侃，也是对自我困境的自嘲和解脱。幽默是善意的，绝不夹杂半点恶意，相反，它是对恶意的一种消解和抹平。生活不能缺少幽默，而幽默人生则是生活的一种极致。幽默不仅使人发笑，还能带来心理上的轻松和快慰。

幽默还能将我们从烦恼中解脱出来。一般人生病住院或遭受意外伤害的机会并不多，而高龄、肥胖以及囊中羞涩等却常附加给我们很多困惑，将我们的好心情消磨得干干净净。面对上述这些情形，在没有力量改变现状的情况下，最好的办法莫过于一笑置之，做洒脱状。

那么怎样才能培养幽默感呢？首先要领会幽默的内在含义，幽默不是油腔滑调，更不是嘲笑讽刺，幽默是只有从容者、聪明者才能透彻地幽默。幽默必须建立在丰富知识的基础上，一个人只有有审时度势的能力，广博的知识，才能做到谈资丰富，妙言成趣，从而做出恰当的比喻。因此，要培养幽默感，必须广泛涉猎，充实自我，不断地收集幽默的浪花，从名人趣事的精华中撷取幽默的宝石。其次，幽默还要善于体谅他人，学会雍容大度，避免斤斤计较，同时还要乐观。

在我们遇到令我们烦恼的事或人时，不妨笑一笑，或来点幽默，不要把它看得太严重，总之，不要自我折磨，自寻烦恼。

忘掉烦恼是一种豁达，享受烦恼则是一种智慧，人生大智慧。唯其如此，我们方可耐心接受那"多情自古伤离别"，我们也才会摆脱"夜长衾枕寒"的苦闷孤独，欣然撑起一竿长篙，在近乎缥缈的希望彼岸寻找那一份美丽。

第二章

珍惜拥有，得失随缘

对我们来说，什么才是最值得珍惜的？不是那些曾经拥有却最终失去的，也不是那些还未拥有却一直期待和渴望的。在这个世界上，真正值得我们珍惜的是，现在我们真实拥有的人，真正在做的事情。切莫对现在拥有的视而不见，一味地患得患失，只会让我们陷入烦恼的旋涡之中。

拥有的才是最值得你珍惜的

生活中,很多人执迷于未曾得到的东西,他们坚信"得不到的东西才最好"!于是这些人双眼总是往前看,很少停下匆忙的脚步细看身边的人,也不曾深刻地思考一下现实,享受一下种种美好。一旦现实中的某个人或者某个东西不再出现了,他们才幡然醒悟,原来那些不再出现的人和事物才是那么珍贵,但遗憾的是,逝去的却永远不再回来了,不管他们多么悔恨,多么痛心。

对一个人来说,曾经得到的已经永远不可能再来,即使你曾经拥有的东西多么美妙,也已成为记忆;想要得到的还未曾抓到你的手中,那些事物往往让人捉摸不透,无从把握。你能够紧紧抓住的是现在你所拥有的人和事物,这些才是最真实地存在的。也就是说,你所拥有的才是最重要的,对你来说才是最有意义的。

有一个小女孩走过一片草地的时候,看见一只蝴蝶被花朵旁的尖刺刺伤了,她非常小心地把蝴蝶翅膀上的刺拔了下来,放飞蝴蝶飞向了大自然。不久之后,那只蝴蝶为了报恩,便化作一位美丽的仙女，走到小女孩的耳边轻轻地说道："因为你的善良，请你许个愿望，我会把它实现。"小女孩想了想，说道："我希望永远和烦恼绝缘，心里面充满快乐。"于是仙女悄悄地对小女孩说了一句话，就消失不见了。

这个小女孩之后真的在快乐中度过了一生，很少成为烦恼的俘虏。当她年老的时候，有人请求她说："请您一定要告诉我，仙女到底跟您说了些什么，能让您一生都快乐呢？"她微笑着说出了快乐的秘诀："珍惜现在你所拥有的一切，把握生命中的每一分每一秒。"听了她的话，那个人先是不解，沉思片刻，恍然大悟：无休无止的欲求只能让人疲于奔命，深陷烦恼的泥沼，只有现在拥有的亲情、爱情和友情，珍惜周围的一切，用心去感悟和包容，人才会变得快乐起来。

可见，懂得珍惜拥有的人才能感受到快乐的存在，远离烦恼的滋扰。一个人，不管对失去的人和物多么怀念和不舍，抑或对渴望得到的人和物多么期盼，都不应该漠视现在已经拥有的人和物，他们是你生活中真实存在的一部分，是你拥抱快乐和幸福不可或缺的基石。

也许有人会说，执着于那些失去的或者得不到的事物，这是人的本性。比如很多人总是觉得那得不到的东西才是最好的，他们常常身在近处，想念远处，身在此岸，向往彼岸。但是正因为这种"执着"，这些人总是忽视身边存在的东西，爱着他们的父母妻子，真诚的友谊，尽管距离快乐咫尺之遥，却一味向着烦恼前行。也许有一天，当他们回头的时候，才悔恨地发现，原来那时候的自己所拥有的是那么富足，为什么却不知道珍惜呢？

人生就像一页永远也翻不完的书，人们总盼望着后来的内容，然而当翻到了最后才发现，所有的种种早已抛离了预想的翅膀，让我们措手不及。所以人们通常只有失去时才懂得原本存在的价值、幻想存在的弊端。日常生活中饱受病痛折磨时才痛惜失去健康，父母去世时才痛悔当初为什么不尽孝，工作失去时才痛恨曾经的自己努力不够，爱情远逝时才痛苦自己曾经的不珍惜，失去朋友时埋怨当初自己为什么这般斤斤计较。得不到的也许是最好的，但是自己所拥有的东西也不见得比别人差，如果你只注意远方遥不可及的海市蜃楼，那么只会白白错过近在咫尺的良辰美景。

人最应该珍惜的是现在所拥有的，而不是得不到的和已经失去的。人们不快乐的根源就是老是对那些失去的东西和得不到的东西耿耿于怀，尤其是爱情。其实，失去的已经失去了，再怎么样也挽救不回来；而得不到的东西，我们要就情况不同做分析，有的仅仅是到现在没有得到，但是你可以继续为之努力，有的是已经完完全全没有可能了，这时你要立即放手。很多时候，把过去放下，把一些得不到的执着放下，就等于是给自己自由。

珍惜属于你的幸福

从心理学的角度讲,感知幸福是一种能力,这种能力也是你生活幸福的基础。而幸福往往是多种多样的。不同的人眼里有着不同的幸福。同一件事情不会给所有的人带来同样幸福的感觉,不同经历,不同环境,不同种族的人对幸福的感知是不一样的。

梁实秋先生讲:"外国的风俗永远是有趣的,因为异国情调总是新奇的居多。新奇就有趣。不过若把异国情调生吞活剥地搬到自己家里来,身体力行,则新奇往往变成为桎梏,有趣往往变成为肉麻。基于这种道理,有些人至今喝茶并不加白糖与牛奶。"风俗习惯如此,幸福也是一样。这就好像喝茶不能加牛奶与白糖一样的道理。茶是中国人的传统饮品,咖啡是国外传统的饮品,喝咖啡要加些牛奶和糖,而喝茶是万万加不得的。如若加了糖,那味道必然是奇怪而可笑的,甚至是面目可憎的,好端端的茶叶就被硬生生地毁掉了。这也说明幸福和风俗一样,一件事、一个习惯、一种风俗不是适用于所有的人,而一样的事情也不是能让所有的人感知到幸福。

有钱人眼中大约吃山珍海味亦是平常,每日酒足饭饱早已生厌,而贫苦的人们还在每日为一日三餐,吃饱饭,穿暖衣而挣扎,他们很多时候回去挖野菜吃,因为这些山野菜是不需要花钱的,这些可谓是他们餐桌上的家常便饭，而那些富人们餐桌上司空见惯的山珍海味在他们眼里就是莫大的幸福。然而反过来，那些吃惯了山珍海味的富人们却又对这些山野菜情有独钟，他们觉得这些是绿色无污染的健康生态食品，总是想方设法吃一点，对于吃惯了山珍海味的他们，吃点山野菜倒是很幸福的一件事情。

有一首小诗里写道："别人装饰着你的梦，而你却装饰了别人的风景。一扇窗子，一座小桥。近处的你，远处的别人，以期为对方营造了美好的氛围。如若缺少一方，还有这幅动人的画卷么？"风景如此，人生如此，幸福也是如此，你在羡慕别人的幸福，而也正有人在羡慕着你的幸福，与其羡慕别人的幸福，不如踏踏实实地珍惜属于自己的幸福。

而这些故事也不禁让我想到了某部电影中的一个片段，大意是说，"我们两个都饿了，你有包子吃而我没有，你就比我幸福；我们两个都渴了，你有水喝我没有，你就比我幸福；我们两个都内急，你找了卫生间而我没有位置，你就比我幸福……"幸福因人而异，幸福也是相对的，在比较与别人的幸福之时，也许正有人在羡慕我们自身拥有的幸福。

还有个小故事流传很广泛，讲的是一个年轻的商人投资失败，万念俱焚，企图自杀，正当他绝望地走向死亡的边缘的时候，他看见一个没有脚的残疾人在对着他微笑。那一刻，他恍然大悟，他失去的仅仅是身外之物，而这个失去肢体的人尚能够微笑地面对世界，作为一个肢体健全的人还有什么好抱怨的呢？这就如同一句谚语——失去鞋的人和失去脚的人比较起来简直是太幸福了。所以幸福是相对的，幸福在于我们有一个良好的心态，不要一味地盯着别人的幸福，更不要一味地放大自己的痛苦。在生活中适时地低下头，看看其他人，你会发现你认为的痛苦实际上在其他人眼里很可能已经是莫大的幸福了，就如同失去脚的人看到你还有脚就会觉得你已经非常幸福了一样。

我们不要去羡慕别人的幸福，更不要去体味和照搬别人的幸福，我们要做的是认真地体会生活给予自己的幸福，珍惜属于自己的幸福。我们要挖掘与感知自己生活中的幸福，从内心深处感知属于自己的幸福，做一个幸福的人。有句话说"世界不缺少美好，缺少的是发现美好的眼睛"，而在这里我要说，"我们本身不缺少幸福，缺少的是我们去发现自己幸福的心灵"。生活在世间，或许我们不够富足，不够成功，然而这些都不妨碍我们拥有属于自己的幸福，拥有属于自己的幸福体验，拥有属于自己的幸福感觉。

世界上最为珍贵的东西都是无价的也都是免费的，比如，阳光、空气、雨露……而生活里最为美好珍贵的幸福也同样不是用金钱能够得到的。我们劳作了一天回到家中，爱人做好的一桌热乎乎的饭菜就是幸福，这幸福是家庭的温暖，是用金钱换不到的情意。每当我们失意疲惫之时，回到家中，家里总有父母为你点亮的那一盏明灯，那个亮着灯光的窗口叫家，在万家灯火里那就是属于你的千金不换的买不来的幸福。幸福就在我们的身边，简单，美好，时时刻刻地温暖着生活的旅途。

很多时候，只是我们在匆匆赶路，没有停下脚步，忽略了这些我们身边最为宝贵的幸福。从此刻起，请你整理好自己的心情，调整好自己的心理，带着明媚的阳光上路。不再去羡慕别人的幸福，不再与别人计较、比较幸福，不再去痛苦地觉得自己不够幸运。静下心来，好好地观察和梳理自己的生活。请珍惜属于自己的幸福，让自己成为一个能够感知幸福的人，你会体会到属于你的全部幸福并且好好地珍惜属于你的幸福。

患得患失，你会失去更多

在这个世界上，我们在乎的东西很多，想要得到的东西也很多。但是，命运总是喜欢和我们开玩笑，总是会把我们最想得到的拿走，留下遗憾与失望。其实，有时候仔细想想就会发现，将最美好的事物从身边带走的不是命运，而是患得患失的心理。

著名企业家、百度创始人李彦宏有句名言，让人深思。他说："认准了，就去做；不跟风，不动摇。"这十二个字，来自他的亲身实践，是在创业中得出的人生真谛。

在 2001 年的一个互联网会议上，有一位当时"风头正劲"的网络公司老总问李彦宏："你们公司是做什么业务的？"李彦宏回答说："我们是做互联网搜索引擎业务的。"老总怀疑地说："互联网引擎业务没什么前途吧，现在很多的公司，比如新浪、搜狐、慧聪等都在做搜索引擎呢，竞争太激烈，后起之辈没有发展壮大的机会。"李彦宏听了之后笑笑，并没有争辩什么，只是很有礼貌地说："我一直看好引擎业务，我们有希望也有能力把搜索引擎业务做到最好。"

2002年的时候，有一位资本投资人走进李彦宏的办公室，对他说："我投资给你们，咱们一起做无线增值业务吧，咱们一定能赚一大笔钱的。"那个时候，整个无线增值业务非常火爆，各大互联网公司争相涉足，只有百度没有参与。但是李彦宏非常冷静地拒绝了那位投资人，对他说："在搜索领域需要做的事情还有很多，我想我们应该专注于互联网的搜索领域，我非常看好未来互联网搜索领域的市场前景。"

那位投资人觉得李彦宏非常傻，不知道看形势捞钱。但是仅仅几年之后，当中国互联网用户迅猛地增加到三亿多之后，百度已经悄然成了互联网领域的领军企业，业务蒸蒸日上，而先前那些热衷在无线增值的企业却渐渐销声匿迹了。那位投资人不禁感叹说："假如当初百度跟风做无线增值业务，我敢肯定，它不会有今天的成就！"

李彦宏的创业过程其实就是对患得患失的一种批判，人生需要一种果敢精神，需要专一的勇气。内心不要有太多的欲望，想要什么都得到，最终只会什么都得不到，只有专心于自己的目标，我们才能付诸行动，才会抓住机会，不为眼前的利益所动，不因一时的困难而变节。

每个人都希望获得成功，但是，成功却总是调皮地在人们身边打转，不肯轻易停下脚步。那么，是什么让成功在人们身边若即若离呢？不是别的，就是人们心中患得患失的心理。当你面对想要争取的胜利时，左顾右盼，患得患失让你失去准确的判断力；当你站在想要拥有的美好事物面前时，瞻前顾后，患得患失会让你丧失行动力。由此可见，想要得到自己向往的一切，就要勇往直前，而非患得患失。

在很久以前有个神射手名叫后羿，他射箭的技术十分高超，可以百步穿杨，人们对他的技术十分赞叹。后来，夏王听说这位神射手的射箭技术精湛，就派人将他召入宫中，为自己表演射箭绝技。

当后羿被带到御花园之后，他看见为自己准备的一块一尺见方、靶心直径大约一寸的兽皮箭靶。夏王指着这个箭靶说："今天请先生来，是想请你展示一下您精湛的本领，这个箭靶就是你的目标。为了使这次表演不至于因为没有竞争而沉闷乏味，我来给你定个赏罚规则：如果射中了的话，我就赏赐给你黄金万两；如果射不中，那就要削减你一千户的封地。现在请先生开始吧。"

后羿在听了夏王的一番话之后，面色凝重，脚步沉重地走到离箭靶一百步的地方。然后，后羿取出一支箭搭上弓弦，摆好姿势拉开弓开始瞄准。就在后羿瞄准靶心的时候，他开始想自己这一箭出去可能发生的结果。此时，向来镇定的后羿呼吸变得急促起来，拉弓的手也微微发抖，瞄了几次都没有把箭射出去。后羿终于下定决心松开了弦，箭应声而出，"啪"地一下钉在离靶心足有几寸远的地方。后羿脸色一下子白了，他再次拈弓搭箭，精神却更加不集中了，射出的箭也偏得更加离谱。

在这次失败的表演之后，后羿收拾起弓箭，勉强赔笑向夏王告辞，好不自在地离开了王宫。夏王在失望的同时掩饰不住心头的疑惑，就问手下道："这个神箭手后羿平时射起箭来百发百中，为什么今天跟他定下了赏罚规则，他就大失水准了呢？"

手下解释说："后羿平日射箭，不过是一般练习，在一颗平常心之下，水平自然可以正常发挥。可是今天他射出的成绩直接关系到他的切身利益，叫他怎能静下心来充分施展技术呢？看来一个人只有真正把赏罚置之度外，才能成为当之无愧的神箭手啊！"

故事中的后羿并不是徒有虚名，只是在得失面前患得患失的心理，像一把枷锁一样锁住了他的勇气与实力。生活中我们也要面对很多得与失，如果也像后羿一样患得患失，那我们失去的不仅是信心与勇气，还有一次次成功的机会。其实，得与失就像一个沉重的包袱，我们完全没有必要为它患得患失。

不要变成依赖别人的"寄生虫"

每个人的生活都不会一帆风顺，当陷入各种危机的时候，有的人习惯发掘自己的潜力渡过难关，而有些人则会在第一时间求助别人，希望他人能够拉自己一把，帮助自己摆脱泥沼。习惯依靠自己的人坚韧洒脱，看淡得失，而习惯依赖他人的人，则会患得患失，被烦恼特别"眷顾"。正所谓"求人不如求己"，一个独立的人，通过自己的不断努力走出挫折，获得想要的东西，才会体悟拥有的人和物之珍贵，也能面对得失，洒脱一笑。

一个人要想活得潇洒，更珍惜现在的拥有，他就必须在遇到事情的时候学会自己去处理。一个人只有真正体会到了创造的乐趣，才会更加珍惜拥有，只有体会到在艰难中奋起的雄壮，才会看淡得失，做好眼前的事情。

林梦然去年刚刚大学毕业，参加工作后，因为年轻有活力，她的到来让昔日里死气沉沉的办公室变得热闹起来，特别是那些年轻的男同事有事没事都爱跟林梦然开开玩笑，争着帮她买午餐、打水，甚至帮她完成手头的工作。可以说，林梦然每天在办公室既安逸又舒适，时间长了，她对别人产生了一种强烈的依赖心理，遇到事情总是想要别人帮忙，这样一来，她曾经练就的技能也随之慢慢地退化了。

一次，她随办公室主任到上海参加一个会议，临场前40分钟主任突然交给她一份资料，必须在会议开始前把材料内容梳理出来，制成一张简单明了的表格。林梦然一听头都大了，以前制表格，自己从来都是依赖办公室的那些"护花使者"，现在到了非得自己上战场的时候，却不知道从何做起。很简单的一张表格，林梦然在电脑前摆弄了半小时还没有搞定。看着她狼狈的样子，主任的脸黑了起来，对林梦然的印象也大打折扣。

林梦然处处依赖别人,丧失了曾经拥有的技能,导致能力退化,最终害了自己,陷入无尽的烦恼之中。所以,生活和工作中,我们不能总是依赖别人,把一切希望都寄托在别人身上。聪明人会依靠自己解决问题,因为他们知道别人只可能帮一时却帮不了一世,靠别人不如靠自己,依靠别人最终换来的只能是患得患失和无尽的烦恼。

太过依赖别人,只会让我们变得不思进取,吃不了苦,久而久之,便会失去真我,不懂得一针一线得来不易,都值得珍惜。更要命的是,一旦失去了依赖的人,他们甚至连生存都变得艰难起来了。

所以,我们要让自己坚强起来,独立起来,培养自己适应环境的能力,这才是我们生命历程中获得的最宝贵的财富,它胜过从别人那里乞讨来的任何依赖。勇敢自信地接受生活中的各种挑战,不依赖别人,努力充实自我,锻炼自我,你才会懂得珍惜拥有,发现生活比想象中更美好。

贪欲是饵,越靠近越危险

从古至今,贪欲都是祸患的源头。古人云:"贪犹如烈火,不遏制就会燎原;欲则如水,不遏制就会滔天。"可见欲望的危害是极其巨大的,和欲望之间的距离越近,人就会越危险。正所谓人生之祸莫大于不知足，咎莫大于欲得，人的心中都存在着欲望，合理的欲望很正常，但是假如失去了度，贪得无厌，欲壑难填，就必然会导致不择手段、不计后果地谋取，这样一来，人生也就岌岌可危了！

李大钊是中国共产主义的先驱，中国共产党的主要创始人之一，在中国的共产主义运动和民族解放事业中，占有崇高的历史地位。他深信人没有贪欲，才能在精神上有所超越。《李大钊文集》中这样写道：把那侵夺的习惯，变为同劳的习惯；把那私营的心理，变为公善的心理；道义可守、节操可保，威武不能挫其气，利禄不能动其心。短短几句话，表达出了李大钊对贪欲危害的认知，认为只有抛却贪欲，才能保住道义和节操，才能秉持社会公理。

李大钊能够充分地认识到贪欲的危害性，所以在之后的革命生活中杜绝贪欲，做出了伟大的事业。生活在现代社会中的我们，也要学习这种精神，虽然时代不同了，但是面对贪欲时的态度却始终值得我们借鉴。须知贪欲是饵料，一旦我们禁受不住诱惑，那么我们的人生就可能因此而毁灭，更别提什么建功立业了。

正因为贪欲对人们的危害如此之重，所以古今中外有很多优秀的作品都把贪欲当作针砭的对象，以此来警戒世人。但丁在《神曲》中这样写道，盲目的贪欲煽动者人们，到后来却让人们永远承受着酷刑。莎士比亚在他的《鲁克丽丝受辱记》中说，人们贪求得越多，最终占有的就越少。著名诗人惠特曼也曾经这样描述过贪欲——我们所遭受的灾难都是由恶毒而疯狂的贪欲造成的。其实对贪欲鞭挞最为深入的要数中国清代人钱德苍,他曾经写过一首打油诗:"终日奔波只为饥,方才一饱便思衣。衣食两般俱已足,又思娇柔美貌妻。娶得美妻生下子,恨无田地少根基。良田置得多广阔,出入又嫌少马骑。槽头扣了骡和马,恐无官职被人欺。七品县官还嫌小,又想朝中挂紫衣。一品当朝为宰相,还想山河夺帝基。心满意足为天子,又想长生不老期。一旦求得长生药,再跟上帝论高低。若要世人心田足,除非南柯一梦西。"虽然里面不乏消极情绪,但是对贪欲的刻画却是非常真实的,把其危害性真实地描绘出来了。

一条鲤鱼顺着鱼饵散发的香味儿游了过去,闻着鱼饵说:"这东西真不错,是一种非常美味的食物。"但是他没有因此就放松警惕,之前它记得很多同伴就是因为贪图这种美食而丧命的。鲤鱼这么想着,于是赶紧离开了,"这东西再香也不能吃,它准是鱼饵!"鲤鱼说。但是没过多久,它还是抵制不住鱼饵的诱惑,又游到了鱼饵旁边,对它观察了一番。"不行,我绝对不能上当,这东西一定是一块鱼饵!"鲤鱼小声地嘀咕着,警告自己说。它游了过去,但是没游多远,因为心里总是记挂着那块鲜美的食物,又转过了头,游了回去。

"也许没有什么危险,只是我自己吓唬自己罢了。"它用尾巴轻轻地拍打了一下鱼饵,只见鱼饵左右摇晃了几下,就垂在那里不动了,看起来很普通。"一定是我想得太多了。"鲤鱼围着鱼饵转来转去,它决定冒一次险,仅仅这一次,以后再也不冒了,说不定一点危险也没有呢。所以它迫不及待地张开了嘴巴,咬了上去。

上面的丝线一紧，鲤鱼被提出了水面。

上帝爱鱼，造出了许多的河流和小溪；人类爱鱼，造出来很多的渔网和鱼饵。鱼的灭亡来自于人的贪欲，但其实最根本的还是它们自己的贪欲造成的。就像那条上钩的鱼儿一样，贪欲往往会让人解除谨慎小心的武装，使得原本聪明的人变成大笨蛋。

生活中，合理的欲望是要肯定的，人的本性原本如此，无可厚非。但是假如欲望过多地膨胀，演变成无限的贪欲，那么就可能让自身处于危险的边缘，甚至毁灭掉自己。

从前，有一个砍柴的老人，上山砍柴的时候偶然发现了一股清泉，水从山中一处狭窄的石缝中冒出，顺着岩石流淌而下，形成了一处小水坑。老人透过清澈的泉水，看到水坑底部有一些颗粒状的东西在闪光，于是将那些东西小心翼翼地捞起，让老人大吃一惊的是，那竟然是金砂！

从那以后，老人每隔一段时间就去小水坑中取一次金砂，很快，老人的生活变得富足起来。已经和老人分家单过的儿子起了疑心，通过盯梢，发现了老人致富的秘密。儿子看着那天窄窄的缝隙，细细的流水还有那个小小的水坑，心想假如泉水再大一些，不就能冲来更多的金砂了吗？

贪欲使得他立刻动起手来，拓宽了石缝，凿深了水坑。正当他睁大了眼睛等着更多金砂出现的时候，上面的山石突然滑落了下来，将他压在了下面。

生活中，有些人心中常常会被贪欲占据，得陇望蜀，欲壑难填。为了达到自己的目的，不择手段地钻营，但最终这些人会发现，自己的人生其实已经被毁掉了。正如人们常说的那样，贪小便宜吃大亏，贪欲往往让人失去更多，甚至因此失去自由和生命。

舍弃多余的"包袱"

人生在世，规划很多，功名利禄，亲情友谊，都会在各种规划中占有一席之地，让我们的生活充斥着各种色彩的同时，也变得纷繁复杂起来。其实在这个世界上，想要远离烦恼，获得尽可能多的快乐，简单才是最佳的生活方式。过多的索取只会让我们背负越来越沉重的包袱，在前进的道路上步履蹒跚。智慧的人会简单生活，在生命历程中只选择自己所需要的，对于那些华丽却不是必需的事物，他们会毫不犹豫地放弃。

海子原名查海生，从1982年开始诗歌创作，北大读书时期就小有名气，被称为"北大三诗人"之一。1984年创作成名作《亚洲铜》和《阿尔的太阳》，第一次使用"海子"作为笔名。主要作品有250多首抒情短诗，其部分作品被收入20种诗歌选集，以及各类大学的中文系教材。

海子是一个追求简单生活的人，他从不奢望那些自己生命中不需要的东西。他了解什么是自己想要的,能够在生活中舍弃那些不需要的东西,过诗一样的生活。简单生活不是自甘贫贱。你可以开一部昂贵的车子,但仍然可以使生活简化。一个基本的概念在于你想要改进你的生活品质而已。关键是诚实地面对自己,想想生命中对自己真正重要的是什么。海子的人生,懂得取舍,简单得如此纯美。

海子的一生都在践行着简单的生活方式,我们能够从他的那首著名诗歌《面朝大海,心暖花开》中感受到。"从明天起,做一个幸福的人／喂马,劈柴,周游世界／从明天起,关心粮食和蔬菜／我有一所房子,面朝大海,春暖花开／从明天起,和每一个亲人通信／告诉他们我的幸福／那幸福的闪电告诉我的／我将告诉每一个人／给每一条河每一座山取一个温暖的名字／陌生人,我也为你祝福／愿你有一个灿烂的前程／愿你有情人终成眷属／愿你在尘世获得幸福／我只愿面朝大海,春暖花开。"字里行间,无不充斥着对简单幸福生活的渴望之情,感染着每一位读者,为众人带来了久违的阳光。

海子对简单生活的向往值得我们每一个人学习。在世俗纷扰的今天,人们往往会被欲望缠绕,在这种情况下,生活日渐奢侈、日渐烦冗。其实很多人都向往这种简单的生活,只是不懂得生活的智慧,不知道简单的生活只需要那些需要的东西来构建,太多的欲望只会把简单扼杀。

哲罗姆·克拉普卡·哲罗姆曾经说过这样的话——让你的生命之舟轻装前行,只装上你的东西:一个朴实的家,简单恬淡的快乐,一二知己，你爱的人和爱你的人，一只猫，一条狗，烟斗一二，够吃的食物、够穿的衣服，水要多带一些，因为口渴可是会要人命的。

詹姆斯和丈夫吉布斯的生活信条一度是"越大越好，越多越好"，他们生活中追求所能拥有的任何东西——大房子、大汽车、各种现代化设施，甚至有游艇。但是最终他们发现这些东西不仅不能给他们的生活增添色彩，反倒使得生活变得越来越复杂起来，生活劳累又没有丝毫乐趣可言。于是两人处理掉了家中所有多余的东西，将城市中的大房子卖掉，在乡下买了一所小房子，游艇等奢侈品也卖掉了，他们从此过上了一种简单却非常优雅的生活。詹姆斯在她的《生活简单就是享受》一书中教授给了我们很多享受简单的小方法，如每天早晨会早起一小时，呼吸新鲜的空气，享受散步的悠闲；每周一天晚上9点钟睡觉；学会大笑，学会冥想；每月独处一天，每年度假一次；去看日落，丢掉高跟鞋；不要电话，甚至别再铺床了，等等。这些方法其实就是教导我们丢下那些我们不需要的东西，只取需要的，过一种简单但幸福的生活。

我们的生命非常短暂，短短几十年，如过眼云烟，转瞬即逝。在这短暂的生命中，简单是最佳的生活状态，那些一味索取不懂得放弃的人，会在欲望的驱使下虚耗有限的生命，和幸福快乐失之交臂。

一个樵夫上山去打柴，看见一个人在树下躺着乘凉，就忍不住问他："你为什么不去打柴呢？"那人不解地问："为什么要去打柴？"樵夫说："打了柴好卖钱呀。""那么卖了钱又有什么用呢？""有了钱你就可以享受生活了。"樵夫满怀憧憬地说。乘凉的人笑了:"那么像你所说的我现在就在享受生活呀。"

在我们的生命当中,金钱和名利等固然重要,但是那些毕竟是身外之物,适度就好。对我们而言,生活中最重要的就是享受现在美好的时光,珍惜生命中的每一分每一秒,而简单地生活,才能让我们感受到其中的美好。我们每个人都想实现自己的价值,但是很多人错误地认为自我价值的实现体现在金钱和物质的获取上,所以这些人习惯用金钱和物质来衡量自身价值,反而忽视了简单的生活方式,忽视了心中真正的渴求。

法国大文豪雨果说:"人生是由一连串无聊的符号组成。"的确,我们生活中的大多数时光都在很普通的日子里度过,有时,看似很正常的生活,感受上却似走进生活的误区。有点儿浑噩,有点儿疲惫,有点儿茫然,有点儿怨恨,有点儿期盼,有点儿幻想,总之,就是被一些莫名其妙的情绪、感受占据了内心的思想、生活,而懒得去厘清。这时,我们就需要放下疲惫的心灵,坐下来静静倾听自己心灵的诉说,简化你的生活。实际上,世界上最快活的人不仅是最具活力的人,也是最能在简单生活中寻找出趣味的人。

明智地放弃，胜过盲目地执着

人生中最难掌握的智慧就是聪明地放弃。现实生活中，很多人都渴望拥有却不习惯放弃，希望将自己能抓到的东西都抓在自己的手中，但是最终却什么也抓不住。其实生活中，很多时候我们应该做的是放弃，要知道，明智地放弃，要胜过盲目地执着。当你发现自己不适合当一个画家的时候，为什么还要死死地抓住不放呢？该放弃的时候就放弃，不要在没有什么意义的方面浪费太多的时间和精力。

当我们面临选择的时候，要懂得放弃，不要一味地坚持，甚至是无原则地盲目坚守。很多时候，聪明地放弃了，之后的人生之路才会越走越宽。

从前，有个人得了非常奇怪的病，看了很多医生都没有治疗的办法，医生说这属于疑难杂症，以前没有出现过他这样的病例。治不好病，这个人只能终日为疾病所苦。为了能恢复健康，他翻遍了各种医学书籍，寻觅了许多老医生，都不见效果。后来，他听人说远处有一个小镇，镇上有一种包治百病的水，于是就急急忙忙赶过去，跳到水里去洗澡。但洗过澡后，他的病不但没好，反而加重了。这使他更加困苦不堪。

一天晚上，他做了一个奇怪的梦，在梦里他梦见一个神仙向他走来，很关切地询问他："所有治病的方法你都试过了吗？"他无奈地答道："试过了，没用。""不，"神仙摇头说，"过来，我带你去洗一种你从来没有洗过的澡。"神仙将这个人带到一个清澈的水池边对他说："进水里泡一泡，你很快就会康复。"说完，就不见了。这病人跳进了水池，泡在水中。等他从水中出来时，所有的病痛竟然真的消失了。他欣喜若狂，猛地一抬头，发现水池旁的墙上写着"抛弃"两个字。

就在此时，他从梦中惊醒，梦中的情景让他无法再入眠，他坐在窗前静心反思，过了一会儿，他猛然醒悟：原来自己一直以来任意放纵，受害已深。于是他就此发誓，要戒除一切恶习。他履行自己的誓言，先是苦恼从他的心中消失，没过多久，他的身体也康复了。

当然，当你追求的目标有成功的希望时，是不应该轻易放弃的。但成功确实无望时，就得调整自己的心态。目标是死的，人是活的。一个目标无望了，还可以确定另一个目标。就像谈恋爱，当你追求的目标确实无望时，你应该想到退一步海阔天空；你应该想到"天涯何处无芳草"；你应该明智地对自己说一声："该放下时，你就放下吧。"

假如你真的放下了，你会发现：原来天还是那么蓝，太阳还是那么明媚，世界还是那么美好。该放下时就放下，不仅是一种智慧，也是一种境界。有些东西抱得太紧，就成了易碎品；有些东西抱得太久，反而成为一种负担，甚至成为一种伤害。倒不如咬紧牙根儿，潇洒地放下。当我们感慨"千里马常有，而伯乐不常有"时，为什么不放下痛斥用人单位有眼无珠的愤怒，而以实际行动证明他们鼠目寸光呢？

当你的爱人狠心地离你而去时，为什么不放下那些刻骨般的痛楚？要知道，你失去的是一个不爱你的人，而得到的是另一个甜蜜的开始。

世上万事万物都处于矛盾运动之中，有成功就有失败，有收获就有放弃。该放弃时毅然放弃，这不失为一种明智的选择。

乐于忘怀内心才会幸福

人生中欲望很多，不顺心的事情也很多，想要什么都能实现，做到事事顺利是不可能的。得不到的就应该放下，不要放在心里，做一个乐于忘怀的人，才是生活的快乐之道。有一首诗说得好，春有百花秋有月，夏有凉风冬有雪，若无闲事挂心头，便是人间好时节。这其实就是一种乐于忘怀的精神，记住该记住的，忘记该忘记的，人生才会活得洒脱。

北大著名国学大师季羡林曾经说过这样的话："时光流逝，一转眼，自己已经到了望九之年，活得远远超过了自己的预算。有人说，长寿是福，我看也不尽然。人活得太久了，对人生的种种相、众生的种种相，看得透透彻彻，反而鼓舞时少，叹息时多。"

季羡林先生的这几句话看似平淡无奇，实则是几十年人生经验的浓缩，蕴含着丰富的人生至理。人生在世，经历得太多，看得太多，想要得太多，只有乐于忘怀之人，才能在舍与得之间找到一种心理上的平衡，最终找到一种适合自己的人生。

每个人的一生都如同一次长途跋涉，在不停地前进。沿途人们会看到不同的风景，会经历各种各样的坎坷，假如把这些都一一记在心中，就会让自己背负沉重的负担。如此一来，岂不是经历得越多，阅历越丰富，压力就越大吗？假如这样的话，还不如一开始就学会忘记，让自己始终保持轻装上阵。

乐于忘怀是一种心理上的平衡，我们需要坦然而真诚地面对生活。要知道过去的已经过去了，时光不可能倒流，除了记取经验教训以外，大可不必耿耿于怀。有句话说得好——生气是拿别人的错误惩罚自己。一个人，总是记得先前的种种，念念不忘别人的坏处，最终深受其害的往往是自己的心灵，把自己搞得狼狈不堪，是绝对不值得的。生活中，那些乐于忘怀的人，大都是成功的人，他们能够既往不咎，能够甩掉生活中的包袱，让自己大踏步地前进。

有个失恋的人，整天沉浸在失恋的痛苦中不可自拔。最后只好求助于一位心理医生。他问心理医生，自己应该如何才能从痛苦中解脱出来。心理医生就说了两个字——"遗忘"。

在随后的心理治疗的过程中，医生对这个失恋的小伙子说，我们应该学会忘记，忘记过去。健忘才是幸福的准则。"人生不如意事常十之八九"，谁能一生都活得春风得意，一帆风顺，无波无澜？没有。成人的世界背后总有残缺，命运就如一叶颠簸于海上的舟，时刻会遭受波涛无情的袭击。"万事如意"只不过是美好的祝福而已，在活生生的现实面前它显得总是如此苍白无力。因此，把一切都死死地记在脑子里的人并不能说明什么，学会忘记，做一个"健忘"的人才会拥有幸福。我们要学会忘记过去生活中不如意事带给我们的阴影。

人生中都会或多或少的有些这样那样的不如意、不愉快的记忆，心理学中的记忆是指过去经验在人脑中的反映。记忆的确是神奇的东西，人们要么忘却了不该忘的事情，要么是想抛开的回忆却无论如何也摆脱不掉，就是"越想忘的越忘不掉"。主动忘记是人的一种社会适应性的表现，将有助于大脑的记忆存储系统更新信息。美国北卡罗来纳大学的心理学家研究发现，情绪记忆是最难刻意忘掉的，尤其当这种记忆源于视觉线索时。不过，心理学家还指出，只要遗忘的动机足够强烈，人们完全可以超越情感因素的影响。

泰戈尔说，假如你为失去太阳而哭泣，那么你也会失去星星。假如一个人不善于忘怀，不乐于忘怀的话，整天为了一些鸡毛蒜皮的小事情斤斤计较，耿耿于怀，那么心灵之船最终只能因为不堪重负而沉没，未来只能被痛苦所充斥。

乐于忘怀需要我们学会选择。在我们的人生中，有些人和事是无法忘记的，也是不应该被忘记的。我们需要忘记的是欲望和痛苦，这些东西往往是我们人生中的不速之客，不请自来。当我们念念不忘这些的时候，我们就会变得越来越沮丧，越来越潦倒，甚至陷入绝望的境地不能自拔，走向灭亡。

第三章
执迷衍生烦恼，淡然才会超脱

人生需要执着的奋斗精神，但是执着不等于执迷，当一个人忽视自身情况和外界环境，一味地追求所谓梦想的话，就会陷入执迷的梦魇，被烦恼所环绕。智慧的人生是淡然的，看重而不执迷，参与而又超脱。这样，人生才会活出原味，才会和烦恼绝缘，长久地拥抱幸福。

淡然，人生的"原味"

　　我们身处的这个世界时刻都在变化着，到处可见悲欢离合的人和事。在这样的世界中，一个人唯有淡然面对，才能超脱。淡然是一种心态，淡然面对那些曾经的遗憾，淡然对待人生苦短，淡然看挫折和不公……当你习惯用一颗淡然的心面对这一切的时候，你的内心才会变得更加宁静和温馨，才不会陷入无休无止的烦恼中去。由此可见，人生多变，唯有淡然才是人生的原味。

　　淡然，并不是有些人理解的那样，不思进取，它是经过岁月磨砺之后的含蓄和沉稳；淡然也不是有些人眼中的不屑一顾甚至是冷漠，它是经历人生波澜之后的从容和宁静。当一个人能够淡然面对人生的时候，他便能善待生命，沉稳而不缺少对生活和爱人的热情。更难得的是，淡然的人在遇到挫折和突发事件时不惊慌，不放弃，安详又不缺乏灵活快意。淡然的人，虽历尽沧桑，会给人一种原汁原味的祥和感。

　　在险峻的华山悬崖间，有一个叫何天武的独臂挑夫，每天都背负着一百多斤的货物，行走在艰险的山路上。28 年前，何天武的妻子病重，为了给妻子治疗，他不但花尽了家里的积蓄，而且还借了很大的一笔外债，尽管如此，妻子最终还是没有好转，离开了这个世界。家里一贫如洗，还有两个年幼的孩子，为了挣钱养家还债，何天武独自一人来到河南平顶山一家煤矿挖煤。但是，在那里，他遭遇了矿难，他的左胳膊被断裂的钢丝绳斩断了，从此变成了一个独臂的人。拿着仅仅 4000 元的赔偿金，何天武无奈地返回了家，他花了很多的时间，在荒山上平整出了几亩地，种上了庄稼，但在将要收获的时候，一场洪水，却把他的希望全部冲走了。无奈之下，为了养家糊口，他只得拖着仅剩下的一条手臂，再次走上了外出打工的道路。

一个只有一条手臂的人，想要在这个社会上找一份工作，是多么艰难的事情。何天武在求职的路上，遭受了无数的屈辱，被当成"残疾人"，一次次地碰壁，被拒之门外。但他淡然地接受了现实，没有抱怨，没有放弃，更没有自暴自弃。后来他在华山上找到了一份工作，做了挑夫。十几年来，何天武已经在华山上来来回回了 3000 多趟，用自己的血汗养活了一家老小，用自己仅剩的一条手臂，为残缺的家，撑起了一片完整的天。

也许，有的人觉得挑点东西并不难，但是，对一个只有一条手臂的人，行走在经常几面都是悬崖峭壁的华山上，那种艰险是难以想象的。行走在千尺幢险道时，一共有 276 个台阶，上下只容一人通过，断臂的何天武，不能像其他挑夫那样，累了可以换换肩膀，脚步不稳可以扶着铁链。

何天武的生活很苦，但他能够淡然面对。他住在60元一月的山脚小屋中，凭借着自己坚强的意志，靠着坚实的脊梁，在这华山的路上已经挣扎了好几年了。这种艰辛的日子还在继续，他从山脚下，往山顶上背1公斤的货物仅仅挣六角钱，背50公斤的货物，才换来30块钱的运费！一年十二个月，刨去四个月的淡季，他天天早晨6点就起床，自己做饭，然后背上货物，一步一步地在山路上前行。下午天黑的时候，他才下山，还要在沿途的商家那里揽活儿，干挑夫这种活计的人都知道，不怕苦就怕没活干。每月能给家里寄200元，总算尽到为父为子的责任。

何天武喜欢在爬山的时候唱歌，会在每次登临山顶的时候好好地欣赏一下周围的美景。他还有一个专门练习书法的本子，里面都是一些他觉得很有意思的诗句。他生活尽管艰苦，但他能够淡然地面对这一切，能够在淡然中坚守生活，不放弃，并始终寻找着美好，滋养着心灵。淡然的心态让他认清了现实，一步一个脚印，踏踏实实地走自己的路。他从来也不羡慕那些健全的人，每个人的人生都不一样，在他看来，做一个挑夫，就是他的人生，他要用这微薄的收入，撑起家人面前的一片天。

一个人只有先拥有一颗淡然的心，他才能明心见性，摒弃生活中的烦恼，体悟生命的本质，活出本色。这样的人能够平静地看人生起伏，看破功名利禄，微笑着面对一时的成败，静听赞誉和讥讽，自然烦恼就不生了。

所以，我们要谨记，淡然是人生的原味，也是人生最美丽的色彩。不管在之后的人生中遭遇什么挫折，邂逅多少坎坷，只要我们心境淡然，微笑面对，那么路就能在我们的脚下延续，生活中的太阳还会照样升起。

名利身外物，潇洒活一回

人生在世，功名利禄其实都是浮云般的存在，正所谓"储水万担，用水一瓢"。即便我们挖空心思，获得了良田千顷广厦万间，也只不过一日三餐七尺而眠罢了，万贯家财终究会烟消云散。

卡文迪许在40岁那年先后继承了两笔巨大的遗产。面对这些财富，他却连连说道："这该怎么办啊？"这个整天沉迷在实验室中的人，有些不知所措了。他的遗产继承自父亲查尔斯勋爵和姑母，父亲生前是英国皇家学会的重要成员，一直醉心于科学研究，卡文迪许比起父亲来则更加痴迷。

这对家财万贯的父子在生活上一向非常简朴，大量金钱只被他们花在购置昂贵的实验器材和图书上。在父亲去世之后，卡文迪许变得更加"疯狂"起来，他把家中那些富丽堂皇的装饰全部拆除掉，把大厅变成了实验室，把楼上的卧室改装成了观象台，在别墅前的草地上竖起来一个大架子，以方便自己能够随时从大架子上爬到更高的大树观察星象。

在实验室中，卡文迪许发现了氢氧化合之后变成了水，发现电阻定律，后来又验证牛顿的万有引力定律，确定了引力常数和地球平均密度。可能再也没有其他地方，能像这里一样令卡文迪许乐此不疲了。卡文迪许曾经就读于剑桥大学，但是最终却没有获得学位，他的口吃和害怕面对教授让他减分很多，他害羞到了"几乎病态的程度"，跟周围的任何人接触几乎都会感到局促。为此他在住所修建了专门供自己出入的楼梯和入口，避免和仆人们频繁见面打交道。

有一次，卡文迪许的仰慕者从国外赶来，站在门前静候偶像的露面。当卡文迪许一出现，各种赞美的言辞顿时让他感到不知所措。最终他无法忍受，非常迅速地逃离了。但是只要一回到实验室，他就变得非常大胆前卫，为了测量电流的强度，他曾经用手抓住电极的一端，把自己当成电流仪器，根据身体感受到的电流来估计强弱。

据说，从父亲和姑妈那里继承了大量遗产之后的卡文迪许，一度成为伦敦银行的最大储户。但是他却根本不愿意花心思来打理这些金钱，在之后的几十年中，不管涨还是跌，他都坚持让顾问投资一支股票。顾问曾建议他投资另一股票，这条建议让卡文迪许勃然大怒，他觉得拿这种无关紧要的事情来烦他，是非常讨厌的。

卡文迪许喜欢书。他把自己相当一部分家财，用来购买收藏了大量图书。在他的朋友眼中，他是所有富翁中最有学问的。卡文迪许把图书分门别类地编上号，不管是别人借阅还是自己阅读，都需要履行登记手续。当他知道一个仆人需要钱治病时，一下子给了仆人1万英镑。卡文迪许似乎对金钱毫无兴趣，甚至不知道1万英镑是一笔多大的财富。

1810年，79岁的卡文迪许离开了这个世界。他留下了近20捆关于化学和电学等方面的手稿，这些书写得非常工整的手稿，被放进书橱，没人去动它。在这些书稿中，卡文迪许几乎预料到了电学上的所有伟大事件，但是当人们重新发现卡文迪许那些极具潜力、超越时代的成就时，它已经被时代超越了。卡文迪许原本能够凭借着这些成为名扬全球的科学家，但是他却没有这么做，只是让它们安安静静地躺在书橱中。

卡文迪许对功名利禄的态度成就了他潇洒的一生，他不在乎金钱，不痴迷名利，从始至终，一直生活在自己的乐趣之中，成为世人的榜样。他懂得功名利禄全在弹指一挥间，唯有自己感兴趣的东西才值得珍惜和追求，所以卡文迪许活出了人生的价值。

在生活中，每个人都在追求着所谓的轻松快乐和潇洒，但是真正能够生活得快乐潇洒的人却没有多少。很多人心中充满了烦恼，究其原因，多半源于功名利禄上的痴迷，使得这些人即使劳顿也不敢轻松，患得患失，心中难有平静，又怎么谈得上快乐呢？想要潇洒地活着更是无从说起了。

其实，在很多时候，功名利禄更像是一个用鲜艳光环装点起来的罗网和枷锁，只要我们置身其中，只要戴上它，那么我们就会失去自由，再也无法逍遥快活了。人生在世，最宝贵的是什么？是广厦万间、金玉满堂还是权重社稷、万人谄媚？这些东西其实都如浮云，挥手之间也就烟消云散了。

所以那些只知道追求功名利禄的人是很难享受到真正幸福的，功名利禄给我们带来的除了成就感之外，还有烦恼和痛苦。要知道在现实生活中，过度地追求功名利禄，会让我们劳心耗力，和这些相伴的生活往往充满钩心斗角，算计欺诈。功名利禄弹指一挥间，所以我们不要太在意，要把精力投入到自己喜欢的事情上。

欲望如火，放任只会焚身

欲望存在于每个人的心间，区别在于有些人懂得掌控，有些人却放任，跪倒在欲望的脚下。看看我们的周围，就会发现，欲壑难填的人不在少数，有些人有了房子还想住别墅，有了存款还想变身亿万富翁……在不断追逐欲求的同时，这些人却失去了心灵上的自由，成了金钱物欲的奴隶，被越来越多的烦恼所环绕。于是社会中就出现了这么一个奇怪的现象：手中的财富越来越多，但是脸上的笑容却越来越少；职位越升越高，但是内心中的安全感却慢慢消失，感受不到生活和工作的快乐……

一个年轻人来到山中拜访智者，希望智者能够解开他心中的疑惑。年轻人问道："智者，你能告诉我，人的欲望是什么吗？"智者看了一眼年轻人，说道："现在不能告诉你，你先回去，明天中午再来，到时我必会告诉你答案。记住，来的时候记得不要吃午饭，也不要喝水。"年轻人觉得智者这样的要求很奇怪，但还是照办了。

　　第二天下午，年轻人按照先前的约定准时来到了山中拜访智者。"没吃午饭，你现在是不是觉得饥饿难忍，想要立即进食？"智者问道。"是的，我现在腹中空空，饿得前心贴后背，假如现在给我食物的话，我能一口气吃掉一头牛，喝掉一缸水。"年轻人抚摸着干瘪的肚皮，舔着干裂的嘴唇，回答道。智者笑了笑："看来你现在真的饥饿难耐了，来，我带你去一个地方。"智者带着年轻人来到了寺后的果园，给了他一个大口袋，对年轻人说："现在这个果园就是你的了，你可以在这个果园里尽情地采摘，想摘多少都可以，但是有一个条件，你必须将摘来的果实背上山中去，那时候你才可以吃。"说罢智者便转身离去了。

　　年轻人在果园中尽情地采摘，不一会儿便将手里的大布袋装得满满的，扛在肩膀上，费了很大的劲儿才回到山中。当年轻人将装满水果的大布袋放到智者面前后，智者说道："放下袋子吧，现在你可以尽情地享用这些美味了。"年轻人迫不及待地解开口袋，拿起两个最大的苹果，大口大口地咀嚼起来，顷刻间，两个苹果便被他狼吞虎咽地吃了个干净。等到年轻人吃饱后，智者问："你现在还饥渴吗？""不，我现在什么也吃不下了。""那么，这些你千辛万苦背回来却没有被你吃下去的水果又有什么用呢?"智者指着那剩下的几乎满满一袋的水果问。年轻人最初疑惑地看着那些水果,思考着智者的话,一会儿,他就明白了其中的道理,高兴地叫了起来。

欲望有度,需要克制。正如年轻人最初做的那样,不懂得克制自己的欲望,那么采摘下来的那袋子水果就变成他身上的累赘,尽管在之后费了九牛二虎之力扛了回去,但是他真正需要的却仅仅是几个水果罢了。由此可见,太多的欲望会使得我们前进的脚步放慢,最终和快乐间的距离越拉越大。正所谓"人心不足蛇吞象",说的正是这种人,智慧的人懂得任何时候都应该取舍有道,贪欲如果没有止境,便会给自身徒增烦恼。

如果有一个获得无限好处的机会摆在你面前,你会怎么做?相信大部分人在潜意识里都会选择尽可能多地获取。这样的想法并没有错,只是当你在极力"鞭策"自己获得某些东西的时候,别忘了低下头想一想,在这个过程中,你是不是会丢掉了某些更有价值的东西?其实,适度的欲望对人生来说是有益的,但是假如欲望失去了控制,它便会摧毁你内心的平静,引来无穷无尽的烦恼。

八仙之一的张果老在成仙之后,每天都会到民间寻访度化。有一天,他来到一个村子口,看见一对老年夫妇正在摆水果摊。于是,张果老就走向前去,借着买水果的机会和这一对老夫妻聊天。在聊天的过程中,张果老发现他们的生活虽然十分贫苦,却十分希望能开个酒店卖酒度日,改善生活。

好心的张果老告诉这对老夫妻，在他们村旁的山顶上有一块形状非常像猴儿的石头。石头旁边有三个泉眼。现在三个泉眼都被灰尘堵上了。你们明天去山上把灰尘都清理出来，泉眼就会自动流出有酒味的水来。又给了他们一个葫芦，说每天把这个葫芦装满就可以了，不要求多。

等到第二天，天刚蒙蒙亮的时候，老夫妻就爬上山去。找到了张果老说的那块石头，打扫净了泉眼，有水慢慢流出来，尝了一口果然纯香如酒。他们大喜，装了一葫芦就回去卖了，恰好能卖一天。

在那之后，他们两个就这样天天上山装酒回来卖。生活渐渐好起来。

不知不觉一年过去了，张果老又来到这个地方。他问那对老夫妻现在日子过得怎么样？老夫妻说："自从听了你的话找到酒后，日子还过得可以。就是没有酒糟，不能喂猪，不然就更好了。"

张果老听后，摇头叹息，念出一绝："天高不算高，人心比天高。清水当酒卖，还嫌没有糟"，之后就飘飘然离去了。

从此以后，山上的泉眼就枯涸了，再也没有酒水涌出来了。

如果我们的心就像一个没有办法填满的无底洞，那我们的生活就只能专注于如何获取更多。当我们沉浸在一个只有获取的世界中时，快乐、幸福都会变得没有任何意义。其实，每个人来到这个世界上，都有机会去体验美好的生活，只是有些人过于执着与贪婪，忘了生活原来可以因为知足而与众不同。

欲望就像一棵一棵大树，枝杈丛生，如果不精心修剪的话，就会越长越杂乱，失去应有的美态。每个人都有欲望，欲望如树，生生不息，永无止境，但我们不能放任欲望，而是要学会经常剪除多余的欲望。只有掌握好修剪欲望的技巧，欲望之树才会在我们的剪刀下有规律地成长，并长成我们想要的形态，这样的人生才会和烦恼绝缘。

贫贱抑或富贵，都要淡然地生活

人生在世，就要调整好心态，挺直脊梁，平视前方。也许你现在正处于贫穷之中，在物质上极度匮乏；也许你挣钱有道，能够让自己享受到丰富的物质。但不管贫穷还是富贵，你都需要淡然地面对，不可因为暂时的贫穷而自卑，也不能因为富足就飘飘然，看不起周围的人，不然心魔顿生，烦恼立至。

纵观人类发展史，人们对金钱的欲望始终如一，在时间画卷上书写下一个又一个故事。因为有欲望，人才不会对贫穷无动于衷，才不会自甘堕落，尽自己所能，得到最大的财富。从这个角度上看，欲望是自然和社会赋予人的神圣本性，它为人类社会前进提供了源源不断的动力。但是这并不意味着欲望是神圣的，过多过滥，它就会变成枷锁，锁住我们心中的快乐。

富贵和尊荣是每个人都渴求的，但是假如我们因此执迷，甚至采用不正当的手段，那么在我们得到的同时，烦恼也会如影相随；贫穷和卑贱是每个人都希望避开的，但是假如我们因此而自卑自贱，甚至动用不正当的手段摆脱他，那么即使最终达到了目的，快乐和幸福也不会到来。晋代大诗人陶渊明在《五柳先生传》中曾说："不汲汲于富贵，不戚戚于贫贱。"意思就是说，不为贫贱而忧虑悲伤，不为富贵而匆忙追求，这才是君子的作为。然而，即使有人品德高尚，做事光明，还会为富贵所累，为匆忙追求的名利所迷惑，以致坠入了无底的深渊。

唐朝的龙潭禅师，年少时家贫，依靠卖饼艰难度日。尽管生活艰难，但是他却不曾自轻自贱，丧失生活的希望，他时刻在内心中告诉自己：一定要努力生活，即使在别人眼中一文不值，也要摒弃烦恼，每天快乐地活着。道悟禅师听说了他的事迹之后，就把寺旁的小屋子借给他住。

有了可以栖身的小屋，龙潭非常高兴，为了表示自己的感激之情，他便每天送给道悟禅师十个饼，而道悟禅师在收到饼后总是从里面拿出一个再回赠给龙潭，并祝福他说："这是给你的，祝你子孙繁昌！"龙潭对道悟禅师的做法和言语不解，有一天他问何故，道悟却说："你送来的饼，我再送给你一个有什么不对呢？"

龙潭听后从此开悟，出家悟道，后来成为一代宗师。取之于人要回报于人，得之于社会要回馈社会；要我好你也好，我赢你也赢。这伟大的祝福，也是生活的至理。

龙潭虽然年少时很贫穷，但是他依旧积极生活，并为之努力，他的精神世界是丰富的，尤其是当他为了感谢道悟禅师，坚持每天送饼，都是他不畏贫穷、快乐生活的表现。很多人觉得淡然是一种平静，其实在平静中努力生活，乐于改变现状，帮助别人，则是一种更高层次上的淡然。人的一生最重要的就是摆脱贫穷的阴影而继续努力生活，虽然物质上暂时贫穷，但是精神却是富足的。

孔子说："德之不修，学之不讲，闻义不能徙，不善不能改，是吾忧也。"在生活水平逐步提升的今天，不少人却忘记了古人的恪守之道，遇到了利益问题、金钱问题，精神上反而极容易产生烦恼，滋生心魔，甚至会因此而崩溃。

一个青年因为工作勤奋、表现突出，所以老板很信任地将一个小公司交给他打理。而他更是用心将这个小公司管理得井井有条，业绩直线上升。

有一个外商听说之后，觉得这个青年很值得信赖，就想同他洽谈一个合作项目。当谈判结束后，青年邀请这位同样长着黑眼睛、黄皮肤的外商共进简单的晚餐。饭后，几个盘子都被吃得干干净净，只剩下两个小笼包。他对服务小姐说："请把这两只包子装进食品袋里，我带走。"外商轻声问他："你受过什么教育？"他说："我家很穷，父母不识字，他们对我的教育是从一粒米、一根线开始的。父亲去世后，母亲辛辛苦苦地供我上学。她说：'俺不指望你高人一等，你能做好你自个儿的事就行……'"听完，外商满含温情，他端起酒杯激动地说："我提议敬她老人家一杯——你受过人生最好的教育！"说着立刻就站起来表示明天就同青年人签合同。

在外商面前将剩菜打包，有的人也许会认为那是件很丢面子的事，认为这样就是一种穷酸的表现，一点也不大气。可是，真正能打动人的就是这个保持本色、不矫饰的内心。任何人都不会甘愿过贫穷困顿、流离失所的生活，都希望过得富贵安逸，但这必须有一颗坚强而认真的心，否则宁守清贫而不要去享受富贵，这才是自尊自爱的最高境界。

人生苦短，何必执着于暂时的贫穷抑或富贵？只要我们内心淡然坚韧，那么生活虽苦犹甜，虽富不躁，这样的人生才是最愉悦的、最幸福的。

莫要太看重身外之物

人生几十年，看似漫长如长征，实则短暂如流星。一个人，不管怎样齐高或者算计，走到生命终点的时候，还是要赤裸裸地离开这个世界，不可能将一生积攒下来的物质财富和功名带进坟墓。遗憾的是，很多人却看不清这一点，执迷功名利禄，忽视了生命中的其他乐趣，直至生命走到终点的时候，才幡然悔悟，过此种种，实在是大错特错。但是失去的人生不可能从头再来，执迷的人生带来的只有无限的悔恨。

由此看来，人活着应该追求精神上的升华和灵魂上的超脱，功名利禄都是身外之物，生不带来，死不带去，到头来终是一场空。一个人终其一生，真正富有的时刻并不是掌握着多少金钱，也不是拥有多大的权力和知名度，而是在心中看淡并且放下身外物的一刹那间。

一位日本有名的陶艺大师，经常会把他展售剩下的一些碗碟类的作品从工作室带回家里。因为是展售的东西，所以儿孙们视其为很值钱的东西，往往就将它们存放起来。大师在家却从来没有见过这些展品，于是就问家里的人。家人说："那不是很贵的展品吗？当然要留下来啊。"大师知道后，很不高兴，他呵斥他们说："从小就不知道用好的东西，长大后就没有眼光。"

子孙们被训了之后，想想也是，碗碟本来的作用就是吃饭的用具，如果藏起来就失去了原本的功能，那么这些艺术品还能叫碗碟吗？于是，就把那些收藏的碗碟又拿出来，发挥其基本的功能作用。从此，这家使用的餐具、茶具每个都是800日元以上的。

这位日本老人，以"莫惜身外之物"来教诲自己的儿孙，以培养他们有远大的"眼光"来拥有和享受更多更好的东西，而不能以为现在所看见的东西很贵，就把它们当成是世界上仅有的珍宝送进博物馆或者是艺术馆。

人生的路途中，我们莫要太看重身外之物，不要因为它们多么华美而沉迷，也不要因为它们多么昂贵而痴逐。一切事物都应该回归它们的原本用途，人也一样，智慧的人更善于安慰自己，也许你现在看似平庸，似乎上帝不偏爱于你，没有让你在人群中那么显眼突出，但你依然要淡然处之，因为这就是生活的本质，是最本真的你。过分地苛求自己和奢望外物，只会让你更加难过，人生中充满烦恼，和快乐绝缘。

很多时候，烦恼会如影随形，是因为人们把身外物看得太重要，其实大家都一样的，最终的归宿都是回归自然。那些身外之物，生不带来，死不带去。其实高官不如高寿，高寿不如高兴，高兴就快乐，快乐就是幸福。明白人能挣会花，善待自己，从不在金钱上斤斤计较。一旦看开了，你会发现慷慨解囊也是人生一大乐事，如果有人需要你的帮助，如果花钱能买到健康和快乐，那么我们何乐而不为呢？如果花钱就可以让你因此悠闲自在，也值了！

所以，当你看见别人声名显赫，自己却平庸无常的时候，也不要费尽心思、绞尽脑汁地去让那些原本不属于你的东西变成"我的"，因为假如你执迷那些人生轨迹之外的东西，你也就迷失了最本真的自己，失去了快乐的权利。人生之路上，你要学会多善待自己一些，告诉自己，内心富足了就会拥有全世界。金钱、权势、名誉都不过是过眼云烟，若是你这样想，你就不会再为自己平添那些无谓的烦恼了，而是每天快乐地微笑。相比之下，更有一种人，他们少有或几乎没有"身外之物"，一旦他人需要，他们却会倾囊相助。他们赢得了比那些捐了巨款的可敬的富人还更多的尊敬，也收获了更多的快乐，在精神上变得更加富足可爱。

我们的一生也就那么短暂，我们可以积极把握，也可以淡然面对，当你春风得意，当你看不开，当你愤愤不平，当你深陷迷茫和困惑中的时候，请想想你所追求的那些东西，即使它们看起来再华丽，也不过是身外之物。当你在苦苦追求后终于拥有的时候，你就会发现它们也不过如此，而那些曾经拥有的，却更值得珍惜。

红尘中的一切繁华只不过是身外之物，金钱名利既能装饰一个人，也会伤害一个人。在物欲横流的这个时代，假如我们能够放弃执迷，将心放淡一些，就会获得一份难得的祥和和恬静。以淡泊之心生活和处世，用本色的眼光看待一切复杂之事，那么我们的人生便会不染烦恼，活出潇洒的滋味。

虚荣让人复杂，淡然还原本真

虚荣普遍存在于人们的心中，在这个世界中，人人都有虚荣心，只是每个人心中虚荣的深浅程度不同，涉及的领域不同罢了。而一旦人生被虚荣掩饰，让浮华蒙蔽了双眼，那么心境就会变得复杂起来，最终收获的只能是疲惫和困顿。其实生活并不需要过多的色彩，生命最终都要归于平淡。淡然面对这个世界，我们的心才会变得越来越单纯，越来越美好。

有虚荣心的人，为了所谓的面子可能失去本性，在社会中迷失自己。虚荣的人爱慕浮华，会为了面子说谎，会攀比，会自卑，会忌妒，会报复……因为虚荣，使得这些人变得复杂起来，变得让人捉摸不透，敬而远之。

意大利著名的雕塑家米开朗基罗曾在佛罗伦萨雕刻了一尊石像，米开朗基罗从构思、手法上竭尽全力。经过将近两年的创作，终于完成了作品，因为那尊雕像体积庞大，又将它摆放在城市的显要位置。当他看到这尊凝聚了自己所有功力的作品时，不禁为自己感到骄傲。作品预展时，佛罗伦萨万人空巷，对他的创作叹为观止。

最后连佛罗伦萨的市长也来参观了，众多权贵围在雕像前评头论足，等待市长发表意见。市长傲慢地朝雕像看了几眼，问："作者来了吗？"米开朗基罗被人请到市长面前。市长说："雕石匠，我觉得这座石像的鼻子低了点，影响了整座雕像的艺术氛围。"

米开朗琪罗听罢说："尊敬的市长，我会按照你的要求加高石像的鼻子。"说完，米开朗基罗便让助手取出工具，提着石粉对石像的鼻子进行加工。米开朗基罗在石像的鼻子上抹着石粉，抹了一会儿，他来到市长面前，说："尊敬的市长，我已经按照你的要求加高了石像的鼻子，你看现在还行吗？"市长看了点点头说："雕石匠，现在好多了，这才是完美的艺术。"

市长走后，米开朗基罗的助手百思不得其解，问："你只是在石像的鼻子上抹了三把石粉，石像的鼻子根本没有加高啊。"米开朗基罗说："可是，市长认为高了。"据说那尊石像至今还矗立在佛罗伦萨的街头，知道那尊石像来历的人都知道这样一句谚语："权贵的虚荣就是石像鼻子上的三把石粉。"

市长因为爱慕虚荣，想要彰显自己的无所不知，所以不懂装懂，提出了自己对雕像的所谓"意见"，性格无疑变得复杂起来。米开朗基罗正是看到了这一点，才会用三把石粉应对，并轻松过关。

1804年，在贝多芬创造构思这部《命运交响曲》时，他已写好了《海利根施塔特遗书》，那时他的耳聋完全失去了治愈的希望，挚爱的女友朱丽叶塔·齐亚蒂伯爵小姐也因为门第原因离他而去。一个将音乐视为生命的音乐家失去听觉，在很多人眼里，贝多芬已是被命运之神所遗弃的弃儿，他的朋友都为命运的不公而为他感到遗憾。而贝多芬内心依旧淡然如昨，单纯如一，在遭受失聪与爱人离去的双重打击下，他并没有愤懑于命运的不公，没有抱怨、没有责难，他平静地写下《海利根施塔特遗书》，并将自己对生命的敬畏与热爱、对命运的理解与诠释全部注释在一个个音符的组合中，创作了不朽于世的《命运交响曲》。

贝多芬的成就是世界艺术瑰宝中一颗最为耀眼的明珠，而这耀眼的人生之光是命运恩赐于他的吗？显然不是，人生境遇抛给他的是致命的打击，而贝多芬之所以能够开拓人生辉煌，是因为他能够在不公的人生境遇中淡然地接受现实，保持一颗对音乐的单纯之心。

我们不必虚荣地活着，不必让自己在多种面具下疲惫地转换。淡然地生活，让自己变得单纯起来，这样，才能活得轻松快乐！

放下偏执，言出行随

人生需要理想，所以大思想家托尔斯泰说："理想是指路明灯，没有理想就没有坚定的方向，没有坚定的方向就没有幸福的未来。"在我国，也有"志不立，天下无可成之事"、"志不立，如无舵之舟"等说法。但是在我们的现实生活中，往往会因为很多的条件限制或者自身能力的局限，和理想之间的距离会越来越大。在这样的情况下，有些人选择了接受和放下，重新寻找适合自己的道路，但另外一些人却偏执起来，因为心中想象的世外桃源不能变为现实而彷徨不甘，耿耿于怀，不顾现实一味地坚持，盲目地固守。

有一个女孩子，一直被一颗蛀牙折磨着，茶不思饭不想，但是却不肯就医彻底解决问题，每次牙齿上传来的疼痛都没有让她流过一滴眼泪。化为精灵的蛀牙最终还是不忍心看着这个女孩子终日被痛苦折磨，于是给了她一次撕心裂肺的痛，让她无法坚持下去，不得不去医院就医。

在医院，当蛀牙从女孩子的嘴中取出的那一刻，她的泪水汹涌而出。医生很是不解，蛀牙已经被清除了，为何女孩子还这么痛苦？只有那颗将要和女孩子分别的蛀牙才知道，她之所以感觉这么痛苦，是因为女孩子此生最爱的男孩不管走到什么地方都会给她带回各种各样的甜食，他带来了爱，也带来了蛀牙。现如今，曾经那么爱着她的男孩早已经离她而去，唯一可以让她忆起那场风花雪月、刻骨铭心的爱的，只有嘴里的那颗蛀牙了。

其实，生活中的很多人，也如女孩子一般，因为难忘生命中的爱，偏执于过去，偏执于理想，但是这看上去很美的偏执，到最后则会如同蛀牙一样，最后不得不拔掉，不管你有多么的不情愿。与其让自己沉溺于痛苦中，何不放下寻找更美的未来？

奥地利心理学家阿德勒是一名钓鱼爱好者。有一次，他在钓鱼的时候发现了一个有趣的现象：在鱼儿每次咬钩之后，通常会因为偏执地要吃掉鱼饵和被鱼钩刺痛而疯狂地挣扎，但是越挣扎鱼钩陷得越深，越难以挣脱。他就此提出了一个心理概念，叫作"吞钩现象"。

其实偏执于我们来说，何尝不是一个鱼钩呢？偏执的我们就像那条要了鱼钩的鱼一样，不懂得放弃，越是想要吃掉鱼饵，越是拼命地挣扎，越是难以挣脱，于是深陷痛苦。当偏执深深地陷入心灵之后，不断地负痛挣扎是愚蠢的行为，聪明的人懂得放下，这样才能摆脱。

在一次关于生活艺术的演讲中，教授举起了一只装满水的杯子，询问台下的听众："你们猜猜看，这个杯子有多重呢？"大家沉思片刻，纷纷说出自己的猜测，"60克"、"90克"、"100克"、"120克"……教授说："其实我也没有称过它的重量，但是我可以肯定的是，一个人拿着他一点也不会觉得累。现在我的问题是，假如我这样拿上几分钟，结果会是什么样子的呢？"

大家不假思索地回答道："不会有什么改变的。"

教授再次问："假如像我这样拿着，一直持续一个小时，那又会怎么样呢？"

一名听众站起来说："胳膊会酸痛的。"

"说得对，那么我要是持续整整一天呢？"教授又问。

"那胳膊会变得麻木起来，说不定会肌肉痉挛，很有可能要去医院一趟。"另一名听众幽默地说。

"很好。那么不管时间长短，我手中杯子的重量有改变吗？"

"没有。"

"那么我举着杯子的胳膊为什么会变得酸痛呢？肌肉又为什么可能出现痉挛呢？假如我不想让我的胳膊出现酸痛和痉挛，我要怎么做才好呢？"

"很简单啊，只要你把手中的杯子放下就行了。"教授刚刚问完，一名听众马上说出了自己的答案。

"就是这样。"教授说道，"在我们的生活中，其实很多的问题都像我手中的这只杯子，只要我们肯放下，就能让自己从痛苦中解脱出来。"

所以，当意识到我们的理想不能实现的时候，最聪明的方法就是学会放下。不要总是偏执，不要不甘心，要是理想和自己的实际情况相差太远，那就放下吧，有时候，放下偏执才能让我们的未来更加美好。

随意放弃理想绝对是一种不负责的行为,而懂得适时放下却是人生的一种大智慧。放下偏执的包袱,才能让心灵有一个释放压力的出口,才能让人生以一种积极乐观的心态迎接另一种美好。假如一个人一直在不可能实现的理想上坚持下去,那么那种巨大反差带来的失落感,就会像阴影一样伴随一生。

任何时候我们都要宠辱不惊

一个人是否可以正确看待荣辱,对生活与事业是否能够获得成功起着十分关键的作用。当挫折与失败不请自来的时候,当成绩与荣誉降临身边的时候,可以不为打击、屈辱而沮丧,不为荣耀、光环而骄傲,而以一颗平常之心对待一切,是一种特别难能可贵的情怀。

"宠辱不惊,静观庭前花开花落;去留无意,漫看天外云卷云舒。"这句话出自《幽窗小记》中一副对联,意思是告诫大家要以淡泊的态度对待人世间的名利、成败、荣辱。是啊,为人处世只有视宠辱如花开花落般平常,视成败如云卷云舒般变幻,才是大智大慧、大彻大悟的境界,也只有达到了这种境界,人的精神才能够变得开阔,心态才能变得平和。

在唐太宗时期有一个人名叫卢承庆,太宗知道他为人中正,做事认真,就特意任命他为"考功员外郎",专管官吏考绩。在考评官员的过程中，有一位管漕运的官，由于粮船沉水，卢员外郎便给了他"失所载，考中下"的评语。这位管漕运的官在听到对消息之后，完全没有意见，也一点不生气。卢员外郎后来又仔细想了想发现："粮船翻沉，不是他个人的责任，也不是他个人能力可以挽救的，评为'中下'可能不合适。"于是就改为"中中"，并且通知了本人。这管漕运的官依然没有发表意见，也没啥激动神色。卢员外郎很赞赏这种态度，脱口道："好，宠辱不惊，难得难得！"最后把评语改成："宠辱不惊，考中上。"

宠辱不惊不仅是一门生活的艺术，更是一种为人处世的智慧。在生活中有好就有坏，有荣既有辱，我们不可以只遇到好的事情，完全碰不到坏的事情。故事中管漕运的官员，在遇到不好的事情时，用淡泊、平和的心态面对，结果他不仅得到了赏识与尊重，还因此得到一片光明的仕途。其实，古往今来凡成大事者，无不具有"宠辱不惊"这种极宝贵的品格。

一代翻译巨匠傅雷先生有一句话："所有的荣与辱对于高贵的心灵都是一样的，折射出他们不中庸，不苟且的人格，而区别于小人。"其实，不管是在古代，还是在现代我们都不难发现具有"宠辱不惊，去留无意"性格的成功者。如果我们也想成为像他们一样被人尊重的成功者，就应该做到不会因一时的荣耀或是一时的屈辱改变自己的方向和信念，在勇敢拼搏中坚守自己。

生活中，不管我们遇到什么事情，都要从容淡然，宠辱不惊。要知道在这个世界上，我们会遇到很多事情，挫折时笑一笑，高兴时静一静，时刻让自己保持一种理性的宁静状态。

学会沉淀，才会幸福

人生需要学会沉淀自己，有量的积累，之后才会有质的飞跃，经过沉淀的人生，才更有价值。生活中，一个人只有经历了更多的磨砺和沉淀才能体悟到人生的真谛，才会把握住命运的脉搏。

俞敏洪还没有创建新东方前，有一次来到黄河边，用矿泉水瓶子灌了一瓶子黄河水，一开始，整个瓶子里面的水泥浆翻滚，十分地混浊。但是过了一段时间，俞敏洪发现瓶子里的水开始变清澈了，泥沙开始下沉，上面的水越来越清，到后来，泥沙沉淀在瓶子底部，占据了大约五分之一的空间，其余五分之四的空间盛满了清水。

俞敏洪静静地看着瓶子里的变化，想了很多，也悟到了很多。他意识到人生中的幸福和痛苦也是如此，人要学会在淡然中沉淀自己才能得到幸福。在这个社会上，之所以有很多人会感到痛苦，而有的人却觉得幸福，最根本的原因就在于能否沉淀自己。就如同瓶子里的水平静下来之后一切又恢复了清澈一样，假如我们能够静下心来，就能让痛苦沉淀在心底，不管痛苦最终能不能消失，他都只能占据很小的一部分空间，那么大部分的空间都会装满幸福。

我们在生活中要学会淡然，学会沉淀生命，沉淀经验，沉淀心情，沉淀整个人生。这样才能让整个生命在运动中得以静止，让心灵在浮躁中得到宁静。在生活中，那些功成名就的人之所以能够达到普通人达不到的高度，原因之一就是他们知道在生活和工作中沉淀自己，让自己始终保持一个良好的精神状态。

从前有一个青年，家里很穷，生活得非常艰难。为了改变这样的境况，他向亲戚朋友借了一笔钱，想做一些小生意，改善一下生活水平。但是天不遂人愿，没想到生意最后亏本了，借来的钱都打了水漂。

这个青年内心非常苦闷，觉得自己的人生真是太失败了，便到山上找一位智者诉说。智者听完了他的诉说之后，起身带他进了一个很旧的房间。屋子里的摆设非常简单，除了一张桌子之外没有其他的摆设。桌子之上摆放着一只水杯，水杯里装满了清水。智者微笑着说："你看这杯水，它已经在这儿很久了，几乎每天都有灰尘落在里面，但它依然澄清透明。你能告诉我，这是为什么吗？"他听了之后认真思索，不久之后忽然大声说："我懂了，所有的灰尘都沉淀到杯底了。"智者点点头说："人生如杯中水，浊与清在于自己。"

就像智者所说，人生就像一杯水，需要不断沉淀自己，才会保持清纯，才能在成功的道路上越走越远。生活中烦心的事很多，就如掉在水中的灰尘，但是我们可以让他沉淀到水底，让水保持清澈透明，使自己心情好受些。如果你不断地震荡，不多的灰尘就会使整杯水都混浊一片，更令人烦心，影响人们的判断和情绪。

在滚滚红尘中应该怎么放置自己的心灵，又该怎样走向理想的目标？这些问题应该是许多人都曾经思考过的。常常会有人感慨自己命运的坎坷，埋怨上天的不公，生活的无情。但是这些人所不知道的是，在这个世界上，懂得沉淀自己，做到"宠辱不惊，闲看庭前花开花落"，就不会再感到烦躁和困惑，那么在走向成功的道路上，脚步才会更加坚定。面对所谓的不愉快，纠缠这些，不仅解决不了问题，反而还会让自己的心境变得浑浊起来。相反，假如能慢慢在淡然中沉淀自己，用宽广的胸怀去容纳世界，那么心灵就不会被世俗所污染，会变得越来越纯净，我们才能腾飞。

第四章
学会变通，换个角度人生才会豁达

  人生在世，个人不会总是心想事成。在遭遇到困难、陷入无尽烦恼之中时，我们不妨变通一下，换个角度看问题，也许之前困扰我们的条条框框便会烟消云散，曾经不可能逾越的坎坷也会成为我们奋起的源泉和动力。人生需要变通，心灵需要灵活，生命才会更有质量，快乐才会相伴身边。

规矩固然要遵守，也要学会变通

　　凡事要追求更好，人类的每一次微小的进步无不是思考的结果。只有更好，没有最好，是人类进步的永恒推动力。发明创造是没有止境的，社会也会不断进步，科学发明从没有止境。所以，我们不要停留在原地踏步，要敢于打破陈规，一定要敢于不断思考，想人所不敢想，并为这些所想付诸努力才能超越前人，才能有所创新，才能不断地进步。

　　要敢于打破陈规陋习，而不墨守成规。要不断地改变自己的工作方法，改变自己的思维方式，多想想，多试试，看看有没有更好的办法更省劲、更快捷。不要死守着老一套，不要一条道走到黑，不要靠一招过一辈子，不要重复自己过去的习惯。要敢于突破思维定式，敢于创新，大胆尝试。人生之路本就不应该墨守成规，而是要去不断思考与领悟，冲破束缚，闪耀出人性的光辉，彰显出人生的大智慧。

　　从前有两个人，一个是体弱的富翁，一个是健康的普通人。两个人相互羡慕着对方并希望有一天能互换人生。于是他们就联合去找上帝，看看能不能找到办法。果然上帝满足了他们的心愿。普通人成为体弱的富翁，富翁变成了健康的普通人。

但不久，变穷的富翁由于有了强健的体魄，又有着成功的意识，渐渐地又积起了财富。可同时，他总是担忧着自己的健康，一感到轻微的不舒服便大惊小怪。久而久之，他那极好的身体又回到原来那么多病的状态里；或者说，他又回到以前那种富有而体弱的状态中。

那么，另一位新富翁又怎么样呢？他总算有了钱，但是身体孱弱，根本无力扩大自己的财富，并且他总是觉得自己很穷，有着失败的意识。他不想用换脑得来的钱相应地建立一种新生活，而不断地把钱浪费在无用的投资里，应了"老鼠不留隔夜食"这句老话。钱不久便挥霍殆尽，他又变穷了。然而，由于他无忧无虑，换脑时带来的疾病不知不觉消失了，他又像以前那样有了一副健康的身子骨。最后，两个人都回到了原来的模样。

上帝看了之后，便感叹道，人总是习惯于过去的生活方式，不能打破陈规，所以梦想便不得实现，烦恼也就随之而来了。

这两个人一味地囫囵吞枣、死搬硬套，在梦想达成现实的时候，还是轻易地就被自己以前生活的旧俗成规束缚住，变穷的富人依旧很担心自己的健康，好怕自己有一天会病死；而变成富人的人呢，总是忘不掉自己原先很穷，之后很快他们又陷入原来的生活。

其实做人做事要懂得在固守的生活上进行变通。墨守成规是前进的绊脚石，真正成功的人，本质上流着叛逆的血。古今能成大事的智慧者，往往能以自己的思维、独特的见解去理解、消化知识，唯有智慧者，勇猛精进，正信不疑，敢于挑战自己生命的人，敢于打破人生常规。

可是在现实生活中却有好些人不善于动脑，不善于思考问题，墨守成规，以致影响了自己的创造力，甚至磨灭了自己创造的天赋和才能。人生之路，曙光在前方，道路崎岖，每个人都有阻碍和障碍，而只有适时调整，才能改变每天驴拉磨一样单调乏味的生活，才会改变像一台生锈的机器一样没有半点生机和活力的生活。

有一种鱼，长着银色的表皮，燕子一样的尾巴，眼睛又圆又亮，叫马嘉鱼。它们平时生活在深海中，春夏之交会溯流而上，随着海潮漂游到浅海去产卵。渔人遂发明了一种捕捉马嘉鱼的方法，这种方法很是简单：用一个孔目粗疏的竹帘，在竹帘的下端系上铁块，放入水中，用两只小艇拖着，拦截鱼群。

听说这种捕鱼方式的人大都感到不可思议，认为简直是天方夜谭，除非所有的马嘉鱼都瞎了眼睛自己往上撞，否则这些人一条鱼也逮不到。但是，当看到渔民将一船一船的马嘉鱼拉回港口的时候，才不得不相信。原来，这种马嘉鱼的"个性"很强，不爱转弯，总是一往无前，即使闯入罗网也不会停止。所以一条条前仆后继地陷入竹帘孔中，帘孔随之收紧。孔愈紧，马嘉鱼愈是愤怒，每每这时，它们会瞪起圆圆的眼睛，张开背鳍，更加拼命往前冲，结果一条条马嘉鱼被竹帘牢牢地卡死，为渔人所获。

马嘉鱼强烈的个性，不懂得变通的性格，不仅致使自己进入牢笼，就连同伴也遭受到同样的命运。而我们人呢，实际生活中，有时候做事情不仅需要观察现实，还要在坚持对目标执着追求的同时，根据实际情况的变化不断调整自己的思路和方法，不要墨守成规，敢于打破现实情况。如果不顾时势和条件的变化，一条路走到黑，往往就会陷入失败的深渊。适时调整自己的定位，懂得变通，懂得放弃，这样才能到达成功的彼岸。

不死守陈规旧俗，首先要善于思考，善于动脑。凡遇到事情，不管是在生活中还是在工作中，不管是在单位还是在家里，不管是白天还是黑夜，一定要让大脑动起来，独立思考，"心之官则思"，"多思出智慧"。通过思考不断地刺激自己的大脑，让它始终处于兴奋状态，持之久远，不可懈怠。"刀常磨才快，脑多用才活"，只要脑筋灵活，就没有解决不了的难题以及克服不了的困难，什么办法都可以找到。

不死守陈规旧俗还要敢于打破陈规陋习，要不断地改变自己的工作方法，改变自己的思维方式，多想想，多试试，看看有没有更好的办法更省劲。一条道走到黑，靠一招过一辈子，重复自己过去的习惯，只会让人更加迂腐，形成不了突破思维定式。

对生活和工作不要太苛求

当生活中所面对的现实不能满足自己的要求时,有些人会陷入痛苦的深渊而不能自拔;当人们一味地追求完美与无缺,就会对自己、对周围的人和事都十分的苛求。可世上又何曾有过完美?缺憾才是一种真实的美丽。过分地苛求生活与人和事,最终的结局或许就是一生劳碌而事无所成。力求完美并讲究通融,在原则的前提下讲究灵活,在灵活的过程中坚持原则,才会生活得快乐。

提倡积极入世,竭尽所能,去奋斗和追求,但当我们的追求和现实出现力所不能及时,我们应该放弃苛求,牢记"得之,我幸;失之,我命"的忠告,学会面对现实,调整目标,调整心态,这样才能让自己做生活的主人,享受更多的快乐。与其天天盯着生活给予自己的报酬,而向别人过度地索取,最终导致朋友远离你、亲人怕你、同事惧你的结果,还不如摒弃苛求之心,进退从容,洒脱自如。这样不仅让自己远离身心疲惫,连身边的人都感到是一种轻松。

有一个自以为是全才的年轻人带着自己的梦想走进社会,以为自己可以大有作为。没想到求职路上屡次碰壁,一直找不到理想的工作,没法实现自己的愿望,而与他一同的旧同窗都找到了理想的工作,生活快乐幸福。年轻人觉得自己怀才不遇,对社会感到非常失望。他伤心而绝望，并感叹世界上的伯乐都是瞎了眼睛的，这么一匹"千里马"就在眼前却不懂得赏识。

痛苦绝望之下，年轻人来到大海边，打算就此结束自己的生命来回应这个他以为不公平的社会。在他正要自杀的时候，正好有一位老人从海边附近走过，看见他正要走进深海里，就把他拉上来了。老人问年轻人有什么事情要逼自己走上绝路，年轻人就把他的求职经历告诉了老人，还说他自己得不到别人和社会的承认，没有人欣赏并且重用他。

老人并没有评价年轻人的经历，也没有分析任何事情，而是从脚下的沙滩上捡起一粒沙子，摊开手掌让年轻人看了看，然后就随便地扔在了地上。老人对年轻人说："请你把我刚才扔在地上的那粒沙子捡起来。"年轻人瞪大了双眼，说："这根本不可能的。"老人没有说话，而是从自己的口袋里掏出一颗晶莹剔透的珍珠，扔在了地上，然后对年轻人说："你能不能把这颗珍珠捡起来呢？"年轻人蹲下就把珍珠捡起来，递给了老人，说："这个当然可以了，那么明显。"

"那你就应该明白是为什么了吧？"老人反问他，"你应该知道为什么现在你会觉得怀才不遇了吧？因为你自己还不是一颗珍珠，所以你不能苛求别人立即承认你。如果要别人承认，那你就要想办法使自己成为一颗珍珠才行。过分地苛求现在的自己，或者现在你经历的人和事，只能让你自己如同我刚才扔到沙滩上的沙子一般。"年轻人蹙眉低首，一时无语。

生活不如意时，你必须知道自己只不过是一粒普通的沙粒，在整个沙滩上根本无法引起别人的注意来。而若要自己卓然出众,那就要努力使自己成为一颗价值连城的珍珠才行。在职场中或者是生活中遇到挫折时,应该先反省自己,大家都是相互独立的人,都具有自己相对独立的人格和独立的思想,甚至都不会被人左右的。每个人都不甘当别人的傀儡,都不愿被苛刻,所以我们做真正的自己是我们实实在在应该努力的,而不是怨天尤人。在社会这个大家庭里,少一点苛求,生活才会变得色彩斑斓、丰富多彩。

有一个事业有成的经理人去外地参加会议,恰巧遇上酒店人群高峰,只能投宿在一个破旧的小宾馆里。宾馆里条件很差,而且设施老旧,这位经理人因为房间里的东西不好用,在宾馆的一楼到四楼之间上下奔走了六七趟。因为没有电梯,几趟下来,他浑身无劲,腿脚发麻。而同时,遇见一位宾馆的服务员样子的老人,也是上下奔走搬运着看似是住户行李的东西,可他却大气不喘,精神焕发。

于是经理人就与老人闲谈了几句,后才知道他已经有80岁高龄,也是此次参与会议的嘉宾,因为原定房间人满而投宿至这家小宾馆的。经理人不禁敬佩起来,问道:"您这么大的年龄,还有这么好的身子骨和精气神实在令人佩服和羡慕啊。想问您讨要个养生秘诀。"老人笑了笑,说:"我的秘诀就是,忧愁穿肠过,梦在心中留,对什么事情什么人都不苛求,当然也不苛求自己。"

经理人就和老人坐在一起聊天。在谈到自己的梦时,老人说:"与人无争,与己有求,但无奢望。"经理人暗暗点头,老人从30岁开始明白了自己所要的人生不过是清清淡淡一碗饭后，就放下了许多事情。每天的生活闲不着，也累不着，早上跑跑步，白天读读书，晚上写写字，从来都是睡得香也吃得香，书也读得香。经理人不禁感叹道："正是这种看似平淡的心境，让您沉淀下来，有着更好的创作空间，最后成为大家眼中一位了不起的作家，此次应邀来参加会议。当然，最了不起的还是您的这份心境。"

一个如老人这样乐观豁达，与己有求又不苛求的人，能不长寿，能不成功吗？其实，不论年轻也好，年老也好，心中都该有一个梦，但对于这个梦不应过于苛求，也不必定什么硬指标来规定自己。不苛求自己，不跟自己过不去，只是按照心的感受去行动，抱着一种顺其自然的心态去追求，去努力，也就足够了。

那种不结合自己的实际条件而一个劲努力奋斗和追求的人，拼命地苛刻自己和别人，以为会苦尽甘来找到自己想要的东西的人，也是值得反省的，那样的活法太累，烦恼太多。而若放开自己，对人对事不苛求，梦若成真固然不错，梦没成真也没关系，就会快乐许多。

现在还没有成功，是因为失败的次数还不够多

每个人小时候在学习骑自行车的时候，都会被长辈教导过这样的话：勇敢地尝试，不要害怕摔跟头，等你摔了几十个跟头之后就能学

会了。我们的人生也如学骑自行车一样，出成绩之前，都必须经历很多次跟头。聪明的人都应该明白这样一个道理：成功是很多失败的积累，没有一次次的失败，就不会培育出最终的成功。

毕业于北京大学的著名企业家俞敏洪在"创业大学堂"首场讲座《在失败和探索中成长》中，告诉在座的大学生们，想要创业，必须要有坚韧不拔和不怕失败的精神，要能屡败屡起，这样最终才能走向成功。俞敏洪说："我们要追求的成功是一种心态上的成功，我把它比喻成摔倒了爬起来的精神。"

摔倒了就爬起来，俞敏洪想要告诉我们的其实就是这样一个道理：现在还没有成功，是因为失败的次数还不够多。是的，成功需要我们不断地积累，需要我们在每一次失败中总结经验和教训，如此，我们才能在通往成功的道路上不断地前进，最终收获那枚属于自己的果实。

其实有时候我们觉得自己不够成功，只是因为我们的失败次数还不够多，就像我们想要挖一口井，水层在地下的 20 米，这时即使我们挖到地下 19 米都是失败，但反过来想一想，如果没有这前 19 米的失败，哪能获得第 20 米的成功呢？

哈伦德·山德士先生，直到 66 岁高龄的时候才获得了事业上的真正成功。这位全世界第一大快餐连锁店肯德基的创办人在 66 岁之前一事无成，总是在一个失败接着一个失败的路途上踟蹰前行。

山德士 5 岁的时候就失去了父亲。在 14 岁的时候，由于和继父的关系闹得很僵，他被迫从格林伍德学校辍学，开始了流浪生涯。他先是在农场里给人家干杂活，但干得很不开心，不久就被农场主辞退了；接着他又当过电车售票员，也很快就被解雇了。走投无路的他在16岁时谎报年龄参了军，但想做一名战士的他却鬼使神差地被分配在了后勤部门，一天也没碰过枪。一年的服役期满后，他去了阿拉巴马州，在那里他开了个铁匠铺，但不久就倒闭了。

随后他又在南方铁路公司当了个机车司炉工，他非常喜欢这份工作，以为终于找到了属于自己的位置，但不久之后经济萧条来袭，他再次被解雇了。18岁的时候，他结了婚，但仅仅过了几个月时间，在得知太太怀孕的同一天，他又被新东家解雇了。接着有一天，当他在外面忙着找工作时，太太卖掉了他们所有的财产，搬回了娘家。

他的一生就是失败的总和，里面充斥了生活上、工作上大大小小的1000多次失败。终于有一天，政府的退休金支票寄来了，这张105美元的支票向他宣告，他老了。在支票附加的信件上政府部门对他说了这样一段话：当轮到你击球的时候你都没打中，现在不要再打了，该是放弃、退休的时候了。

面对支票和这样一段话，山德士愤怒了，觉醒了，也爆发了。他不相信自己的人生已经结束，他要继续奋斗，就算在失败的履历上再添上一笔他也不在乎。他用那笔钱在加油站旁边开了一间炸鸡店，他要再向命运挑战，不过这一次他成功了。

很多人觉得自己的人生无以为荣，那很可能他的人生中也没有什么值得让人铭记的失败和挫折。一个人只有经历了足够的失败，上天才可能把成功带到他的面前。因屡次失败而心灰意冷的人们，你们应该振作精神，将失败化作下一次拼搏的动力，也许下一次拼搏所带来的结果仍是失败，但只要你不气馁，总有一次是能够获得成功的。

贫穷不是平庸的开始，它可以让你前进的脚步更有动力

我们不能选择出生在什么样的家庭，贫穷抑或富裕，都是命运中的一部分。但是假如我们出生在贫穷的家庭或者现在生活非常清贫，那么我们就甘于平庸的话，则是非常可悲的思维。很多时候，贫穷并不会让人消沉平庸下去，只要你想去改变，那么它就会成为你奋起的动力。

朱自清进入北京大学读书后，非常努力，为了提升自己的学识，他经常买书苦读。1920年，是朱自清在北大读书的最后一年，有一次，他到琉璃厂去逛书店，在一家名为"华洋书庄"的书店中看到了一部新版的《韦伯斯特大字典》，定价14元。这个价格虽然对这本大书来说不算太昂贵，但是对当时清贫的朱自清来说却实在不是一笔小数目。他衣兜里没有那么多的钱，但是又实在舍不得那本书，后来他思前想后，就把自己的一件皮大衣当了。

拿到钱，朱自清马上把那本《韦伯斯特大字典》抱了回来，终日研读。正是靠着这种在贫穷中苦读不辍的精神，才有了后来的知名教授，著名散文家。

我们应该学习朱自清先生在清贫中奋发向上的精神，很多时候，贫穷会成为我们不断向前的巨大动力，支撑着我们前进的脚步跨过一道又一道台阶，走向成功。假如我们现在处于贫穷的境遇中，那么静下心来感受下贫穷吧，问一下自己是否想永远这样贫穷下去，假如不想，我们应该做些什么呢？

莉丝默里出生在纽约的贫民窟中，她的童年记忆中四周充斥着饥饿毒品以及艾滋病。后来她的母亲死于艾滋病，这让莉丝深受打击，但是她没有沉沦下去，而是决定回到校园，依靠知识来改变自己的命运。

没有安身之地的她在地铁站和随处可见的门廊里学习、睡觉。她花费了两年的时间完成了别人需要用四年时间才能学完的课程，并凭借着优异的成绩获得了《纽约时报》当年的一等奖学金，最终以出色的成绩考入了哈佛大学。

莉丝的故事是真实的，面对贫穷的命运，她没有绝望，而是用不屈服于命运的勇者精神改变了自己命运的轨迹，让世人动容。基于此，美国著名的脱口秀女王奥普拉为她颁发了"无所畏惧奖"。

生活中，很多人面对生命中的贫穷和逆境不知所措，让自己整天都沉浸在迷茫和彷徨之中，不敢直面自己所处的环境，不想问为什么会导致现在的困境，更不会做任何方面的努力去改变什么。莉丝在《风雨哈佛路》一书中这样写道，我为什么要为我自己的贫穷自卑，这就是我的生活。我甚至要去感谢它,它让我在任何情况下都必须往前走,我没有退路,我只能不停地努力向前走。

所以,当处于贫穷之中的时候,我们没有必要再去追问:"为什么命运如此不公,受苦受累的总是我呢?"我们要知道,贫穷和磨难只不过是老天考验我们的一种方式,它能够让我们快速地成长,变得更加成熟。

很多时候,贫穷给予我们的是如何在暴风雨中前进的方法和意志,它更历练了我们的心灵和品格。要知道那些曾经经历过贫困的人,通常会放弃不切合实际的幻想,敢于直面人生,在困难面前搏斗到底,在命运面前变得越来越坚强,越来越优秀。

没有其他选择的时候, 往往是最好的时候

有句话叫作"置之死地而后生",往往没有退路时,常常能把人身上的潜力激发到极致,这也是为什么项羽带兵破釜沉舟背水一战能取胜敌人的原因。有时选择太多时,容易造成人思想上的犹豫和懈怠,而只有一个选择时反反复复,反倒没有包袱了,不选也得选,所以,没有选择没有退路时,往往是最好的选择。

在非洲草原上,常常有这样一种令人吃惊的画面:当一只幼羚羊刚刚能够飞奔时,在猎豹和猛狮的紧紧追捕下,那些成年羚羊往往引

领着小羚羊们箭似的奔出平坦的开阔地,然后引领着幼羚羊们奔向险峻的山岭。动物学家们惊讶地发现,羚羊们逃命的山岭往往是附近最陡峭、悬崖最多的山岭,尤其是那些陡峭的山崖,那里往往是羚羊们的逃生首选之地。每当猎豹和雄狮气势汹汹地追来时,带队的羚羊会在一瞬间一跃而起,它果断地引领着羚羊们的浩荡队伍,避开重重拦截,向距离最近的山峰奔去。其实,一只成年的壮羚羊如果在草原上飞奔起来,那些快如闪电的猎豹和雄狮也是很难追上它的,它矫健地在草原上左右盘旋,就是跑得最快的猎豹也常常对它望尘莫及。

那么,羚羊们为什么在生命攸关的时候却要给自己选择一片悬崖呢?当一只幼羚羊刚刚学会在大草原上飞跑时,由于奔跑的动力不大,它的腹肌并没有被最大化地拉开,所以,即使它撒开四蹄拼命奔跑,奔跑的步幅也不过是三公尺左右。但当一只幼羚羊在猎豹和雄狮的疯狂追逐下,被成年羚羊引领上峰顶,前无生路面对悬崖时,在后边猎豹和雄狮的一步步虎视眈眈逼近下,在成年羚羊悲壮地舍命一跃中,那些幼羚羊也都会悲壮地攒下自己所有的力量,像一张彻底拉满的弓,然后毁灭性地拼命一跃,让自己从悬崖上箭一样地射出去。幸运的羚羊,它们会跃过深渊,跳到对面的山坡或峰顶上,就是那些不幸的羚羊,它们也是跃落到渊底或跃落到悬崖断壁上,由于它们的身体柔韧和矫健,它们不会遭到多大的损伤。而那些把羚羊们逼上悬崖的猎豹和雄狮,基于自己的身躯太过庞大和沉重,面对那些奋身一跃的羚羊,往往束手无策,空手而归。

最大的不同是，经过跃崖的幼羚羊们，在刚刚跃崖后，它们的腹肌都有程度不同的拉伤，但拉伤很快恢复后，它们飞奔的步幅明显已经增长了，差不多可以达到近四公尺，这样的步幅，就是在草原上飞奔起来，雄狮和猎豹们往往是望尘莫及的。

动物学家终于明白羚羊们给自己一片悬崖的目的了——有时没有选择，实际上就是最好的选择。动物如此，人也是如此。我们的人生就是一个不断选择的过程，不同性格的人面对同一件事情时做出的选择是不一样的。不同的选择造就了不同的人生。人生关键的选择也就是那几步，选对了，人生就成功了。不是每个人在关键的时候都有选择的权利的。但这也未尝不是一件好事，因为在这个时候对于他们来说没有选择就是最好的选择，太多选择的时候反而不知道该如何选择了。

面对生命，每时每刻我们都在面对想要的美好和选择的抉择，其实任何要选择的选择都不一定是最好的结果，我们面对的是现在就让自己用心去接受和承认，这是最好的选择。事情已经到了毫无选择的地步，除了它你别无选择，那么，不用考虑了，这将是最好的选择。

我们发现很多学历高的人，因为选择面比较宽，反而通常都是为别人工作，自己创业的比较少。而在中国第一批富起来的人当中，很多人都是小学学历，最多也是中学学历，有些人甚至连小学都没有毕业。当然，我们不是说学历高不好。学历很重要，因为一个人的学历表示他的受教育程度，但这和一个人的能力是不能画等号的。学历不等于成功。同时这些学历低的人也没多少原始资本。

但这些人为什么成功？因为他们有一颗要成功的决心，并且也愿意为此而付出代价。因为学历低，找不到好工作，工资自然也不高。正因为如此，不能满足他们人生的价值和梦想，所以他们要成功就只有不断地努力，付出的也会比一般人多很多，不管多苦多难他们都会坚持到底，在别人眼里不想赚的"小钱"，他们也会去赚，也愿意承担风险。因而他们会选择自主创业，哪怕失败也没什么，因为他们明白最差的状况也不过如此了。如果不成功，他们连找到工作的可能性都很小，以他们的条件也不会有人要，所以他们明白要成功只能靠自己的努力，要么成功，要么从头再来。这样自然就比一般人更努力，从而更易发挥他们的最大动力及潜能，所以很多人都是"一不小心"就成功了。

而那些条件好一点的人，在这些方面的意志力可能就不会有这么强。因为他们去找工作时会找到较好的工作，工资也很高，或都有一个铁饭碗、金饭碗之类的。他们也想过自己创业，同时又会想：万一失败了会怎样？工作没了，钱也没了，还是做现在的工作比较好，比较安全。

可见，当我们没有选择的时候，不必自怨自艾，烦恼什么。只要我们换个角度看问题，就会发现，这种没有选择的境遇何曾不是我们成功的动力呢！

相信自己年轻，那么我们就真的年轻了

生活中，假如一个人觉得自己老了，那么这个人就可能真的会老，虽然他的年龄还依然年轻，以为他的心态已经老了，再也没有年轻的冲动力和旺盛的创造力了。相反，假如你还相信自己年轻，那么即便你年纪很大了，你一样会拥有年轻人的旺盛精力和激情。年轻与否大多数时候都不是年龄决定的，而是心态决定的。有年轻心态的人，才能永葆年轻。

国学大师季羡林晚年的时候虽然年岁已高，身体上有一点慢性病，然而体格还算健康，很多路抬脚就到。之前每天早晨四点起床，之后慢慢地变成三点了，每天的工作又能增加一个小时。有人问季羡林，你起得那么早，难道你不困吗？他笑笑回答说，怎么会不愿意睡觉呢，其实我是很喜欢睡觉的，但是我觉得自己不算老，还很年轻，到了那个点，就好像有根鞭子抽着我，让我非起来不可，起来好干活。

季羡林虽然年事已高，但是他心态年轻，所以能做到早晨三点起床，做自己想做的事情，这样的行为年轻的小伙子也是轻易做不到的。正如季羡林先生表现出来的年轻心态那样，一个人，假如心态年轻，相信自己依然可以继续奋斗，那么他就会变得越来越年轻，越来越有激情。生活中的我们，需要学习季羡林的这种年轻心态，让自己时刻

充满向上的动力。

前文提到过的山德士上校成功后，因为建设新铁路，他的店被迫关闭。他又开始了一次新的创业之旅。他到印第安纳州、俄亥俄州及肯塔基州各地的餐厅，将炸鸡的配方及方法卖给有兴趣的餐厅。令人惊讶的是，在短短五年内，上校在美国及加拿大已有400家的连锁店。

他创立肯德基的同时，已是个66岁、月领105美元的社会保险金的退休老人，而今天肯德基已成为全球最大的炸鸡连锁店。同时，上校也受到电视台的关注，由于整日忙于料理，他只有找出唯一一套清洁、白色的棕榈装，这一打扮自此成为他独一无二的注册商标。从此以后，人们便将这套西装与肯德基联想在一起；而他的这身白西装，满头白发及山羊胡子也成了全国性的象征。

山德士上校66岁开始创业，他创业成功给我们很多启示：成功的秘诀就在于确认出什么对你是最重要的，然后拿出各种行动，不达目的誓不休。还有更重要的一点是，他没有因为年纪大就放弃创业，虽然在年纪上他已是个老人，但在心理上他并未把自己当作一个老人。只要你相信自己还年轻，那么你就真的年轻。而如果你在心态上已经老了，那么即便你年龄小，你也是个心理上的老人了。

年轻不是生命中的一段时间，它是一种心理状态。没有人只因年纪而变老，人们只因放弃理想而变老。岁月在皮肤上留下皱纹，但放弃热情使灵魂产生皱纹。

心不老人就不老。心态不老你就跟你的信念一样年轻，跟你的自信一样年轻。一位 72 岁的老人，由于精神矍铄，耳聪目明，思维敏捷，腿脚灵活，老朋友见面总是问："您是否吃了长生不老药了，怎么活一年还是那样，不显老呢？"其实，年龄也像树之年轮，不管你能否接受，它都要无情地刻在你身上。可是，老人说："我的心不老，想干的事情很多，只要考虑好了，就会毫无顾忌地认真做起来。不管事情多忙，我有一个书案总铺着一张未完成的画稿，这是我长年坚持的老阵地，只要一静下来我便伏案画起来。要知道，画画之功，包含着凝神聚气，意境向往，排兵布阵，美丽憧憬等一系列妙感于一身……"

年轻与否的关键不在年纪，而在于心态。

有时候糊涂一些你才会更快乐

现代社会，紧张快节奏的生活让人经常处于烦恼和忧愁状态中，人们总说不得不忧愁，可是保持这样的生活状态不仅会加速人的衰老，而且很多疾病也会不期而至。有时候想想做一个傻子也是很幸福的，不必去为生活烦琐的俗事担忧，也不必在意他人的看法，活出了自己，让自己脱离了平凡人的界限，升华了本真，铸就了快乐的心态。难怪著名书画家、文学家郑板桥有句名言说"难得糊涂"。

"糊涂"既可使矛盾冰消雪融，又可使紧张的气氛变得轻松、活泼，从而保持心理上的平衡，避免许多疾病的发生。磕磕碰碰的事情在所难免，有时候睁一只眼，闭一只眼算了。适时较真，你就会觉得活着很累，就算你不累，生活的情趣会在较真的过程中消磨掉。你一定要学会"难得糊涂"，这里的糊涂是一种修养，一种胸怀。对小事不斤斤计较，不过于注重生活琐事，可以减少焦虑，让你有更多的时间去享受人生。

那一年，郑板桥专程至云峰山观郑文公碑，因参观游览很晚，不得已借宿山间一小茅屋。屋主系一儒雅老翁，自命糊涂老人。他室中陈设最突出的是一方桌面般大小的砚台，石质细腻，镂刻精良。糊涂老人请板桥题字，以便镌于砚背。板桥想老人必有来历，便题了"难得糊涂"四个字，用了"康熙秀才雍正举人乾隆进士"的印。因砚石过大，尚有余地，板桥说，老先生应当写一段跋语。老人便写了"得美石难，得顽石尤难，由美石而转入顽石更难。美于中，顽于外，藏野人之庐，不入富贵之门也。"也用了一方印，板桥看看，印上的字是"院试第一乡试第二殿试第三"。

郑板桥见了大惊，方知他是一位退隐的官员，自己在家修禅念佛，也算是一名隐士。细谈之下，详知原委。有感于糊涂老人的命名，当下见尚有空隙，便补写了一段"聪明难，糊涂尤难，由聪明而转入糊涂更难。放一着，退一步，当下心安，非图后来福报也"。老人见了，抚掌大笑不止。

一位是饱经沧桑的县令，一位是曾有显赫功名的官员兼得道有为的隐士，两人在此遇到了知音。"难得糊涂"是他们怀着经历一生的沧桑感悟，在这方大砚上进行了心灵碰撞后的精湛合作。他们的题词，也正好互为映衬、补充。这位糊涂老人所做的"美石"和"顽石"之比，可以帮助我们理解郑板桥所说的"聪明"和"糊涂"的关系。

人生中有很多事，不知道比知道的好，不灵便的比灵便的要好，不精明的比精明的要好。而其实，人生本来就是糊涂的，一旦清醒了，就如同商人绝地中还是思考着怎么寻找人生中的机会，错过了回到家乡的机会，算来算去还是把自己今后的生活算进去了。而糊涂可以让人忘记炫耀，忘记忙碌，忘记一切不开心的事情，如同这个憨厚的人，在挫折中提升自己的情操，修炼自己的快乐，无所顾忌地笑着生活。糊涂也是一种智慧，更是一种生活的方式。

西汉时的丙吉看起来是个很糊涂的人，他在路边走碰见有人斗殴死伤了，他也不管不问更不去帮忙求救，而转眼碰上了一头牛在喘息，他便偏要去问。有人受不了他这糊涂劲，于是就说："您这样做不是贵畜而贱人吗？那是正常人会做的吗？一看就不是啊，您真糊涂啊。"可丙吉却是沉静地走开，并不解释什么。

他的妻子很不明白，为什么自己的丈夫要这么糊涂啊，别人眼里的宰相是个生活中的糊涂人，岂不是很容易遭人笑话啊。而丙吉却文雅地回答说："糊涂多些，就不用解释了，自然烦恼就少了啊。别看我平日里这么糊涂，其实我是不糊涂的。老百姓斗殴打架，那是长安令、京兆尹这样的官应该管的事情，而宰相就用不着亲自过问。现在的季节还不到大热的时候，牛喘息可能是节气失调，而节气失调又可能导致灾荒，这才是作为宰相分内应该管的事情啊，及时跟皇帝报告，抢救灾情才是宰相应该管的事情上。"丙吉的妻子听了之后，连连点头，原来自己的丈夫是个故意装糊涂而摆脱不必要烦恼的聪明人啊。

其实在很多后世人看来丙吉就是一个善于装糊涂以自保，而摆脱人言烦恼的人。倘若丙吉如常人行为那样，因为人出了事情就上前救助的话，那么他宰相的身份便要融进整个案子中，管了的话会牵扯精力，而忽视自己的重要职责，于是丙吉只能以糊涂的行为跳过去这件事情，把精力放置于对自己的职位来说更重要的事情上。丙吉以装糊涂来保护自己，于那个乱世中讨得一份暂时的安宁，更好地集中精力履行他宰相的职责，实现他宰相在职的真正意义。

郑板桥说："聪明有大小之分，糊涂有真假之分，所谓小聪明大糊涂是真糊涂假智慧。而大聪明小糊涂乃假糊涂真智慧。所谓做人难得糊涂，正是大智慧隐藏于难得的糊涂之中。"糊涂的智慧比聪明更重要，大凡立身处世，是最需要聪明和智慧的。但聪明与智慧有时候却依赖糊涂才得以体现。

糊涂智慧可以成就大事业，能经受时间的考验，聪明只能带来一时的成功，总有机关算尽的时候。当然，聪明不是错，更不是罪，关键是要用好自己的聪明，把聪明转化为智慧。这样，才能为自己的人生锦上添花，而不会让它成为美丽的泡沫。

第五章
宽恕别人就是宽恕自己

人要生存,就必须融入社会,而社会是人的社会,融入的过程就必须和人打交道。这个过程中,也许你会受到别人的嘲讽和伤害,假如你针尖对麦芒,也去嘲讽和伤害别人,也许最终你能占得上风,但是你绝对不会在这个过程中享受到幸福和快乐的滋味,你能获得的仅仅是无尽的烦恼。只有懂得宽恕别人的人,才会让自身变得更加幸福,更加快乐。

包容不同意见，内心会不断丰满富足

在这个世界上，我们都知道"人生不如意之事十之八九"，人不可能处处完美，都有犯错和力所不能及的时候，不可能得到世界上每一个人的认可。所以不管是生活还是工作，一个人都会听到不同的意见，即使你做得很好，也还是有人会说三道四，指指点点。这个时候你应该怎么面对呢？是长久地沉浸于自责中，还是愤怒地还击辩论、据理力争？

智慧的人懂得包容不同的意见，即使这种意见是错误的，偏激的，他们也不会排斥和愤怒，而是一笑而过。对那些正确的意见，则会虚心接受，应用于之后的生活和工作中，不断地完善自己，努力接近完美。这样的人，在不断接受意见的同时，内心会变得丰满起来，慢慢掌握正能量的钥匙，让自己的精神世界富足而又坚韧。

有成语云："兼听则明，偏听则暗。"早在汉代，王符在《潜夫论·明暗》中便说："君之所以名者，兼听也；其所以暗者，偏信也。"在《新唐书·魏征传》和司马光的《资治通鉴》中也有类似的说法。

可见包容不同的意见，倾听不同的声音是做大事必不可少的心理准备，也是生活幸福的重要心理基石。

不同的意见不仅仅包括好的一面，而且包括坏的一面，甚至是羞辱。很多时候，面对别人恶意或者无心的羞辱，一些人反唇相讥，一些人备受打击，一蹶不振，但是有一些人却能包容下来，化作前进的动力。

美国最著名的节目主持人狄克·格里戈小时候，所在班级的老师曾经发动班级里的学生为"社区基金"捐款。狄克·格里戈听到这个消息后非常高兴，他为自己有机会帮助他人而高兴。但是捐款那天，攥着自己捡垃圾挣来的三块钱，狄克·格里戈却没有听到老师叫他的名字。看着周围的同学一个个被老师叫上讲台捐款，他以为老师将自己忘记了。最后他询问老师没叫自己名字的原因，没想到老师却厉声说道："我们这次募捐正是为了帮助像你这样的穷人，这位同学，如果你爸爸出得起你五块钱的课外活动费，你就不用领救济了……"老师的话虽然只有寥寥几句，却深深刺痛了他的心，让他觉得受到了莫大的侮辱。

时间飞速地逝去，一转眼间，20年就过去了。那个当年哭着跑出学校的黑人小男孩的名字开始频繁地出现在报纸和电视新闻中。谈及他的成功，大多数媒体都断定是贫穷激励了他，他却说："不全是，还有20年前那场心灵的挫折——那场来自老师的羞辱。"有人问他："你还和那个老师有来往吗？"他爽朗地回答："为什么会没有来往，我当上主持人的第一天，就买了一大束鲜花亲自送给了他，我要用这束鲜花来告诉大家，感谢那些曾经羞辱过你的人，因为，正是他们用粗糙的话语关注了你，这才磨就了你进取的利剑！"

狄克·格里戈的经历证明了这样一个道理：人活在世上，永远不要让别人羞辱的言语伤害到自己，要把这些羞辱看成是一种关注，因为这样的关注，梦想才会更加明亮，信念才会更加坚定，脚步才会更加有力！

面对不同的意见，甚至是恶意的冒犯，我们需要做的仅仅是一笑而过。对的接受，不断改进自己，错的以及那些恶意的羞辱，转化为我们不断向前的动力，丰富自己内心的养料，这样我们的生活才会处处充满幸福。

当别人的意见和自己的看法相左时，不辩论是一种智慧。本杰明·富兰克林曾经说过这样的话——如果你老是抬杠、反驳，也许偶尔能获胜，但那只是空洞的胜利，因为你永远得不到对方的好感。所以，当我们想要和别人争论的时候，我们要首先在心中掂量一下，我们是宁愿要一种字面上的、表面上的胜利，还是要海纳百川，让自己的内心不断地丰富起来呢？

懂得包容，将别人的言语化作前进的动力，不辩论，默默前行，如此才是最智慧的生活方式。它让我们在未来拥抱成功和幸福，在现在海纳百川，信心满满。所以，包容别人的看法吧，即使是最恶意的羞辱，也能化作我们前进道路上的正能量！

接纳才会有爱

人生在世,需要面对很多的人和事情,有些人不喜欢接纳,对人对事大都保持着一种抵触的情绪,甚至把自己封闭起来,不愿和外界有过多的接触。其实这些人不知道的是,接纳才有爱,接纳是爱的前奏。没有接纳,爱就无法开花结果,接纳才是爱的开始,它能够让我们拥抱生命所给予我们的每一件礼物。

有一个越战归国的士兵,从旧金山打电话给父母,告诉他们说:"亲爱的爸爸妈妈,我从越南战场回来了,可是我有个不情之请。我想带我的一个朋友和我一起回家。""那好啊,当然好了,我们都非常高兴见到他的!"他们回答道。

不过儿子又继续说道:"但是有件事情我必须先告诉你们,我的这个朋友在战争中受了重伤,少了一条胳膊和一只腿。他不能靠自己的能力来养活自己,现在走投无路了,我想邀请他到我们家和我们一起生活。"

"儿子,听到你这位朋友的遭遇我们感到非常遗憾,不过或许我们可以帮助他找一个栖身之地,不一定非要来我们家和我们一起生活。"父亲在电话中停顿了一下,又接着说:"我不知道自己应不应该说这些话,像他这样的残障人士,假如和我们生活在一起的话,会给我们的生活造成非常大的负担。要知道我们还有自己的生活要过，不能让他把我们幸福平静的生活破坏掉。所以我建议你先回家忘掉他，我相信你的那位朋友会找到一片属于自己的天空的。"

这个士兵默默地挂断了电话，自此以后他的父母就再也没有收到任何关于儿子的消息。几天之后，士兵的父母接到了旧金山警察局打来的电话，告诉他们亲爱的儿子已经坠楼身亡了。警方经过调查后认为这纯粹是一起自杀案件，这对父母伤心欲绝地飞到了旧金山，在警方的带领下来到停尸间辨认儿子的遗体。当警察掀开覆盖在上面的白布时，他们看到了久别的儿子，但是让他们惊讶的是，儿子居然只有一条胳膊和一条腿！

士兵的父母因为没有接纳儿子的"朋友"而永远地失去了儿子，很显然，儿子创造了一个并不存在的虚拟人物来试探父母的态度，假如他的父母能够接纳，那么最终的结果也不会这么遗憾和伤感了。我们不能说士兵的父母不爱他，只能说他们不善于接纳，不懂得接纳是爱的第一步。

亲情的爱需要接纳，对自己的爱更需要接纳，假如一个人连自己都不能接纳，又谈何爱自己呢？

2010年2月24日，在温哥华冬季奥运会女子自由式滑雪空中技巧项目的比赛中，上一届冬奥会亚军中国选手李妮娜用近乎完美的表现征服了在场的所有人。但是最终的结果是，澳大利亚名将拉斯拉技压群芳，最终获得了这个项目的冠军，而李妮娜以微小的差距屈居亚军。

大家都为这位白雪公主扼腕叹息，甚至有不少人留下了伤心的泪水。

李妮娜曾经获得过三届世锦赛金牌，她本想在这届冬奥会上圆了自己的奥运金牌梦，但这个美好的梦想就这么破灭了。大家都觉得她会非常失望，但是出乎大家意料的是，在接受记者采访时李妮娜却说："我今天非常非常非常开心。"她一连使用了三个"非常"来表达自己的感受。"虽然冠军不是我的，但是我已经做到了最好。我把自己所有能做的动作都做了，我对自己今天的表现感到非常满意，比四年前还要满意。"

在这个世界上，每个人都是一道美丽的风景，每个人都有属于自己的遗憾。学会在生活中欣赏自己，接纳自己，你就会发现，这才是真正爱自己。

爱情是美好的，风花雪月，浪漫而又甜蜜。但是并不是所有的爱情都披着美丽的外衣，很多时候，你会被爱情伤害，这个时候你要学会接纳，才能体会到爱的真谛，更好地生活。

著名演员妮可·基德曼在刚刚出道的时候，穿着土气，头发蓬松而又卷曲，化着艳俗的妆。即使她穿着昂贵的名牌时装，许多媒体也经常讽刺她，说她是"将百万美元支票穿在身上"。她的演艺事业也不顺利，没有一个重要的角色，更没有什么大红大紫的机会。

后来她认识了影坛明星汤姆·克鲁斯，两人结了婚。这次婚姻给妮可的事业带来转机，但后来她被无情地抛弃了。被抛弃之后，妮可随之流产，她被爱情伤害得体无完肤。

但正是离婚造就了妮可,她的过人之处就在于,她没有遮掩自己的痛苦和受到的伤害,也没有让自己长久地沉浸其中,她选择了接纳,为自己找到了一种解脱的方法:去工作,去拍电影。她从此发疯般地把自己的日程表排得满满的,在电影中恣意地发挥自己的全部才华,她唱,她跳,整个世界都被她震惊了。《小岛惊魂》里,她端庄外表下饱受压抑的疯狂,当她端起猎枪的时刻,没有人能不紧张恐慌;而《时时刻刻》里,她扮演著名的女作家伍尔夫,她穿上邋遢的碎花裙子,戴上假的硕大鼻子,蓬头垢面,紧张畏缩,几个月里读完她的传记和作品,习惯了香烟和喃喃自语。当她出现在银幕上的时刻,人们惊叹:"这个时代最伟大的女演员诞生了!"

爱情给了妮可伤痛,但妮可却在伤痛中学会了接纳,接纳现实,接纳自我,理解了爱的最高境界:完美的爱情让人幸福,不完美的爱情让人强大!

吃亏是福,斤斤计较伤人伤己

很多人喜欢计较在工作中多做了事情或者多帮了别人干点活,认为那就是吃亏。其实,没必要这样以为是自己吃了大亏,反而应该感到庆幸,因为他信任你、赏识你,所以才留下你加班干活。其实,吃亏是一种贡献,你贡献得越多,得到的回报也就越多,才会积累成为最富有的人生。

在适当时刻吃些亏的人绝对不是弱智，而是大智。其实给别人留余地就是给自己留余地，于人方便就是于己方便，善待别人就是善待自己。和不计较吃亏的人在一起，会让人不自觉地身心放松，没有太多警惕，这样就很容易能相互靠近。以最功利的目的而言，不计较眼前的得失是为了着眼于更大的目标。

一日，宋代大文豪苏东坡到金山寺跟佛印禅师打坐参禅。两人坐了一会儿后，苏东坡觉得身心通畅，于是问禅师道："禅师！你看我坐的样子怎么样？"佛印禅师看了看他，于是回答："好庄严啊，像是一尊佛！"苏东坡听了非常高兴。而佛印禅师却接着问苏东坡道："学士！你看我坐的姿势怎么样？"苏东坡向来与佛印禅师交好，却从来不放过嘲弄禅师的机会，而两人已经相互习惯并以此为乐。苏东坡看了看佛印禅师后，马上答道："像一堆牛粪！"佛印禅师听后也很高兴，竟然笑出来了。

苏东坡将禅师喻为牛粪，而禅师竟无以为答，反倒是大笑起来。苏东坡认为自己这次是在口头上赢了佛印禅师，心里更是高兴极了。回家后，他便把这件事当作喜事告诉他的妹妹苏小妹，说自己赢了佛印禅师。

而苏小妹却没有苏东坡那样的好心情，她一脸严肃，反问道："哥哥，你究竟是怎么赢了禅师的？"苏东坡更是眉飞色舞，神采飞扬地将刚刚发生的事又如实叙述了一遍给苏小妹听。天资超人、才华出众、极具慧根的苏小妹听了后，正色说道："哥哥，其实你输了。禅师的心中如佛，所以他看你如佛，而在你的心中佛像牛粪，所以你看禅师才会觉得像牛粪！"苏东坡恍然大悟。

其实，在这场比较中，佛印禅师懂得吃亏是福，并不在语言上胜出苏东坡，这正是其修养高深，不为外物所动的表现。而苏东坡因为禅修不深，即使是在言语上占尽了便宜，自认为有多么高明，都不能在真正意义上获得人生的快乐幸福。

生活中，总以为吃亏是傻，占便宜才是精。可从来都是吃亏人心安理得，从不用担心有什么祸事，更不用担心被人报复，而占了便宜的人心里还是会有愧疚的。吃亏的人是有福人，你一无所有，别人哪有便宜可占？正因为你比别人有，别人才要占你的便宜，吃亏的高境界是吃了亏坦然受之，欣然受之，不烦恼，不后悔，好吃亏的便是。古人云："吃得小亏，则不至于吃大亏。"好吃亏的人往往是越过越好的。

传说郑板桥弟兄俩经常通信，互通情感。忽然有一天，郑板桥收到了弟弟一封来信。信中说郑家想翻修老屋，连外墙也想翻修。而正碰上郑家与邻居的房屋共用一墙，邻居非说那墙是他们祖上传下来的，而不是郑家的，郑家无权拆墙。而弟弟郑墨却说其实早先就有两家的契约了，上面写得明明白白说那堵墙是郑家的，而是邻居借光盖了房子。为了这堵墙，郑墨与邻居将官司打到县里，可是县里至今也尚无结果。郑墨越想越难过，感觉太受人欺负了，明明这墙就是自己家里的，为什么还要听人指挥呢？越想越难受，心中的怨恨也实在咽不下去了。于是就想到了在外做官的哥哥，自觉得有契约在，再加上哥哥出面说情，这官司就必赢无疑了。

郑板桥看了信后，觉得很不自在，考虑再三，给弟弟写了一封劝他息事宁人的信，同时寄去了一个条幅，上面写着"吃亏是福"四个大字。同时又给弟弟另附了一首打油诗：千里告状只为墙，让他一墙又何妨；万里长城今犹在，不见当年秦始皇。

郑墨接到信羞愧难当，当即撤了诉状，向邻居表示再不相争。那邻居也被郑家兄弟的一片至诚所感动，表示也不愿意继续闹下去。于是两家又重归于好，仍然共用一墙。

至今在湖南洪江古商城青石板巷塘冲1号的古窨子屋墙壁上，还有郑板桥的一段赠语写于壁联上。题头写的是："吃亏是福。"郑板桥决定劝说弟弟让出墙的时候，看起来是吃亏了，无缘无故的自家的墙没有了，可实际上是谦让出一份生活的安宁。而邻居得到了墙，看似是赢了这场争论，却输了一份谦让，于此自责，便又决定让出这面墙来。

吃亏是福，但是，大多数的人仍然喜欢讨便宜，而不喜欢"吃亏"，他们宁可让别人吃亏自己也不能吃亏。既然没有人愿意吃亏，那么，经常占人便宜的人，毋庸置疑地，必然是不受欢迎的人。因此，做人处世要肯吃亏。

对别人的诋毁一笑而过

　　世界上的人何其之多，当然会有这样那样的人，更不排除会有一些因妒忌等原因而毁谤别人的人。尤其是在当今社会，随着网络技术的发展，谣言甚至已经摆脱了空间上的限制，以极为迅猛的速度传遍至世界的每一个角落。面对这样那样的谣言，我们应该怎样做呢？有的人不辨真伪，人云亦云，成为传播谣言的机器；有的人则对谣言理性分析，拥有自己的看法。实际上，谣言并不可怕，可怕的是人们偏听偏信，不懂分析，掩盖了事实真相，也使自己失去了判断真伪的能力。

　　对于任何事情，任何问题，都要有自己的判断和分析，有自己的观点和立场，这样才能不被表象所迷惑，不为外物和他人所左右。人过一百，形形色色，君子小人，不一而足，世俗中人，难免会有小人相伴，亦难免会有流言蜚语扑面而来，对此，我们不妨沉默以对。

　　狄仁杰担任豫州刺史时，办事公平，执法严明，深受当地百姓的称赞与爱戴。于是，赏罚严明的武则天就让他回京担任宰相。

　　一天，武则天对狄仁杰说："都说你担任豫州刺史时，政绩突出，名望很高，可是也有人说你的坏话，揭你的短，你可想知道此人是谁？"

狄仁杰回答说："人家说我不好，可能是我确实不好，也可能是别人的原因。如果确实是我做错了，别人说完我正好改正；而如果是别人的不是，陛下一定是已经弄清楚了不是我的过错才和我说这番话，这就是我的幸运。因而我不想知道是谁在背后说我不好，以免大家以后相处尴尬。"

武则天听后，更加觉得狄仁杰有风度，有气度，胸襟宽，因而更加赏识他，敬重他，并尊称他为"国老"。

后来狄仁杰因病去世时，武则天还痛哭流涕地说："我的朝廷里再也没有像狄仁杰那样的人才了，上天怎么就忍心过早地夺去了我的国老呢。"

无独有偶，北宋时期有个叫吕蒙正的读书人，学识渊博，修养很高，担任相当于宰相一职的参知政事的职务。有一天，他正和同僚们一起去上朝，忽然听到后面有个声音正愤愤不平地说："这个小子也担当参知政事吗？"

吕蒙正假装没有听见这句话，仍不疾不徐地往前走，可是和他一起的朋友们心中不平，打算回头追查清楚。

吕蒙正连忙摆手制止了他们说："不要追究了，他如何说我对我又有什么损害呢？况且我也不想知道到底是谁在暗地里说我的坏话。因为我一旦知道了是谁，就会永远记住他，永远记住他的这句话，再不可能如先前一般与他和睦相处，也会让他扰乱我的心灵，使之不再宁静。这样的话，就算惩处了他，对我又有什么好处呢？"

是啊,"毁谤"于我无伤,于他有害,能劝之人自然要劝,不能劝之人劝了或更起嗔心;能澄清之事自然要澄清,不能澄清之事解释了或更遭污垢,有时候,沉默,才是毁谤的最好答复。

有一人因为才华横溢而又不懂得掩藏锋芒而遭人妒忌,屡屡被人诋毁、诽谤,他很痛苦,便去请教智者,向智者寻求解决问题的办法。

智者没有说什么,而是拿起一把斧子,走到屋子外面,把斧子递给那个人说:"你现在把斧子扔向天空,看看会怎样呢?"

那个人按照智者的意思把斧子扔向了天空,当被扔向天空的斧子"咣"的一声掉回地面时,智者问道:"刚刚你将斧子朝天空劈了过去,那么你听到天空喊疼的声音了吗?"

那人说:"斧子根本就没有伤到天空,天空又怎么会喊疼呢?"

"那么,你明明将斧子扔向了天空,为什么会没有伤到天空呢?"智者继续问道。"因为天空极为高远、辽阔,即便斧子扔得再高、再远,也根本触及不到天空的边缘,更不用说伤及天空了。"那人感叹道。

智者接着道:"是啊,天空之所以不受伤害是因为天空的高远、辽阔,是因为天空的心胸大。其实,人也一样,一个人如果能有天空般高远、宏阔的心胸,那别人无论如何做都不会伤及其分毫,更不用说只是暗地里的诋毁、诽谤了。"

那个人抬头望了望高远、宏阔的天空,又低头看了看地上那把暗淡无华的斧子,心胸一下子开阔了许多。

很多时候，毁谤就如同扔向天空的斧子，只要你不愿，它便伤不到你，所以不必太过在意。一个人如果天天为他人的舆论所左右，那他将一事无成。走自己的路，让别人去说吧！别人的嘴长在别人身上，只要问心无愧，大可不必将那些闲言碎语放在心上，不卑不亢、我行我素、沉默以对就好。

以德报怨，换来温暖

当你被别人以不正当的手段对待时，你应如何反应？第一种办法，叫作以怨报怨，也就是"以其人之道，还治其人之身"。第二种方法，叫作"以德报怨"，用胸怀和博爱去感化对方。其实以怨报怨并没有什么错，甚至应该说是一种相当有效的制裁坏人的办法。法律对坏人的制裁就是源于这条思路，但是光靠法律很难把坏人改造成好人，只有以宽大的胸怀，以爱对恨，让恨自然消失。如果人与人之间的关系普遍用这种原则处理，那么人人便可以不用费心于提防别人的暗算，这正是我们希望生活在其中的一个世界，是一个理想的世界。

生活中，思想是人的感受所引发的，思想观念一产生就会去造作，而祸与福也就这样铸下了。因此，我们应该端正思想，怀抱着慈悲心去有益人群，学习化解不好的感受，以德报怨，自然思想就会正确，就会感觉温暖。

有人认为"宽恕是一种比较文明的责罚"。以自己的仁德，回报了那些曾经的诋毁、污蔑，甚至是故意置他于死地的人。收获了自己的好心情，更收获了自己的美好人生。其实当生活中的我们有权力责罚时，却没有责罚；有能力报复时，却不去报复你的敌人，你就有了一种宽恕，也就是有了一种能够掌管他人的法宝。宽容待人、以德报怨的同时，敌人也就自然与你拉近了距离，成为你可以依靠的人了。

感恩对手，你才能快速成长

当我们在生活和事业上遇到竞争对手的时候，我们应该感激他们，因为他们的出现和存在，才使我们充满了活力，让我们快速地成长起来。一个没有竞争对手的道路尽管平坦，但是却让人感觉平静庸碌，内心一潭死水，更别说什么不断地成长和超越了。只有面对竞争对手的时候，我们在压力之下才能不断地向前，才能保持充足的活力，不断地向前，开拓我们事业上的高峰。

在北京大学获得计算机博士学位的中科软件集团总裁柳军飞曾经颇有深意地说："我们的竞争对手不在国内，世界市场才是我们目标所在。"这句话既体现了他远大的雄心抱负，也流露了他对竞争对手的感恩之情，从他自身经历来看，正是在一个又一个的竞争中快速成长起来的。

柳军飞在成为软件行业领军人物之前，是一个非常优秀的青年科学家，曾经在 1999 年获得过中国科学院青年科学家一等奖。之后掌领企业，面对一个又一个竞争对手，他并没有抱怨和退缩，也是以感恩的心态直面对手的竞争，在竞争中不断地激励自己超越，由此快速地成长了起来。在不到 3 年的时间里，柳军飞把一个原本仅仅有 200 万资产的灵智公司发展壮大到今天有着 8 亿资产、下属十几家企业的中科软件集团。

柳军飞创造了奇迹，身上笼罩着一个又一个光环，在别人眼中平添了几分神秘。其实，他之所以能够像金庸武侠小说中的英雄人物一样，身怀绝技，让人觉得高深莫测，一个最根本的原因就在于，他懂得感恩对手，懂得在一个又一个竞争中让自己变得越来越有活力，越来越接近完美。

北京申奥的时候，世界上申请举办第 29 届奥运会的城市除了北京之外还有加拿大的多伦多、日本的大阪、法国的巴黎、土耳其的伊斯坦布尔 4 个城市，竞争非常激烈。其中多伦多对北京的威胁最大，是北京申奥最强劲的对手。但是，正如事后著名主持人水均益所说的那样，我们应该感谢对手，感谢竞争的压力，正是有了强大的对手，北京才有紧迫感，才使得申办的工作更加细致和扎实，才会不断地检讨自己，追求完美。所以从这个意义上，我们要感谢对手。

在生活和事业上，对手随时都可能出现，竞争无处不在。当我们的竞争对手出现的时候，我们才会有战胜他们不断发展壮大的欲望。市场经济的一个基本准则是适者生存，只有战胜了对手，我们才能在商场上生存下来，并不断地发展壮大。所以，我们的竞争对手，不但没有伤害到我们，反而使得我们越来越具有活力。

生活在南美洲的美洲虎，是整个美洲大陆最大的猫科动物，长得有点像豹子，一只成年的美洲虎体重能够达到80公斤。以前，美国也曾经出现过这种动物，但是随着环境的恶化，现在除了南美洲和中美洲之外，世界上其他的地方已经很难再见到这种老虎的身影了。现在的美洲虎正徘徊在灭亡的边缘，因为整个美洲的老虎加起来也只有17只而已。

在秘鲁的一个国家公园里，就生活着一只美洲虎，由于稀少和珍贵，这只老虎可以称得上整个秘鲁的国宝。为此，公园里的工作人员对它照顾得无微不至，专门给它开辟出一块5万平方米的专属土地，让它能够自由自在地生活和奔跑。另外，还在美洲虎周围饲养了大量的食草动物，为的是给这只美洲虎提供鲜活的食物。但是让所有的人奇怪的是，这只美洲虎对身边的食物却懒得理会，以致和那些牛、羊和兔子相处得很好。这只老虎整天躺在装着空调的房子里面，除了睡觉就是吃饲养员送来的按照营养师开出来的菜单搭配好的肉食，吃饱了喝足了仍然是一副昏昏欲睡的表情，一点的王者之气都没有。

所有的人都知道在野外活动的美洲虎身手矫健，既能爬树又会游泳，甚至能像人类那样把一只爪子伸进水里去抓鱼，甚少有失败的时候。而这只老虎如此慵懒，工作人员都很着急，有的人从人类的心理上去揣测，觉得这只美洲虎之所以这么懒散，是因为他太孤独了，没有什么伴侣陪伴它。所以他们开始发动全国的人民为这只老虎募捐，大家爱虎心切，纷纷捐款，动物园在募捐到大笔的资金之后，用这笔钱从国外租借来一只雌性的美洲虎，来陪伴公园里的这只。

自己的领地上来了一只母虎，却没有让这只美洲虎兴奋起来。它的生活和以前差不多，吃了睡，睡了吃，这下子愁坏了关心它的工作人员。后来，一个曾经做过猎人的乡下人来动物园参观之后，向公园建议说："这么大的一个领地，这只老虎称大王，威风是威风，但却没有什么活力可言。衣来伸手饭来张口，一点竞争都没有，就是换成我们人类，在这样的环境中也会变成这样的。"动物园觉得这人说得有道理，所以研究之后，在这一地区放进几只豹子和狼。没想到的是，那只慵懒的美洲虎看到它们之后，像是打了一针兴奋剂一样，精神一下子高涨起来了，它总是在自己的领地里东张西望，细心巡视，再也不会在房子里吹空调睡大觉了，就连饲养员送来的美味肉食也不再吃了。园里的人都觉得这只美洲虎一下子变了，更令人惊喜的是，没过一年，那只雌虎竟然怀孕了，不久生下了虎崽。

一种动物如果没有了竞争对手和天敌，就会失去活力。人也是这样，一个人如果没有了对手，就会失去动力，放弃理想，变得越来越懒散平庸，最终一生碌碌无为。那么一个团体呢，如果没有对手，也会因为个体的懒散无作为而变得死气沉沉。有了对手，我们才会找到危机感，才会提高我们的竞争力；有了对手，才能感知到我们面前的压力和环境，才能不断地试图超越别人，超越自己；有了对手，才会使我们时刻地向前，不断地发愤图强，不断地开拓创新，才会生活美满生机无限。不然，等待我们的只有被遗忘、被淘汰。

放弃争论，大肚能容

生活中，人与人之间会经常产生各种各样的矛盾，人们为了争个明白，相互折磨着，闹得不可开交。后来发现，其实这些矛盾中有的是因为认识的水平不同，而有的是因为对对方不了解弄错了东西；有的是原本有某些偏见和误解。如果你有较大的度量，以谅解的态度对待别人，忍住最容易爆发的激动情绪，这样你就可能缓解不必要的矛盾，也不会搞得人仰马翻的悲惨境遇。

度量问题不是个无关紧要的小问题。重要关头，它可以关系到事业的成败。如果为一点点小事就彼此之间相互斤斤计较，争吵不休，那么既会伤害了彼此之间的感情，也无益于你成大事，结果不是双赢而是两败。因此，摒弃个人成见，不必凡事都争个明白，而是在社交场合为不为炫耀自己而去贬低他人，发扬一点忍让精神，对许多事情进行"冷处理"，摆脱没必要的争执，那么，你的风度将会获得社交场合中众人的青睐，你的事业也会如虎添翼。

有两个小徒弟为了一件小事而吵得不可开交，谁也不肯让谁，差点就要厮打起来了。这时候恰好师父出来了，看见了这一幕，于是第一个小徒弟就怒气冲冲地去找师父评理，师父在静心听完他的话之后，郑重其事地对他说："你是对的！"于是第一个小徒弟得意扬扬了。可这第二个小徒弟听了师父的话之后根本不服气，继续对师父讲述，企图师父再给他评评理，师父在听完他的叙述之后，也郑重其事地对他说："你是对的！"于是第二个小徒弟也满心欢喜了。

这时候两个小徒弟摸不着头脑了，师父说自己都是对的，那么到底谁才是真正对的呢？这时候，一直跟在师父身旁的第三个小徒弟终于忍不住了，他不解地向师父问道："师父，您平时不是一直教我们要诚实吗？还教我们任何时候都不能说违背良心的谎话吗？可是您刚才却对两位师兄都说他们是对的，这岂不是违背了您平日的教导吗？"师父听完之后，不但一点也不生气，反而微笑地对他说："你也是对的！"

这三位小徒弟此时才恍然大悟，立刻拜谢师父的教诲。

其实以每一个人的立场来看，他们都认为自己是对的，所以师父并没有说他们之间谁做错了。而师父这时怀着一颗善解人意的心，不对任何事物进行直接的批评、指责、议论，而是凡事都以"你是对的"来先为别人考虑，才化解了很多不必要的冲突，避免了争执的发生、发展。

生活中也是这样的，人们之间出现了争议，大都是因为每一个人都坚持自己的想法或意见，无法将心比心、设身处地地去考虑别人的想法，所以没有办法站在别人的立场去为他人着想，凡事都要争个是非的做法并不可取，有时还会带来不必要的麻烦或危害。如当你被别人误会或受到别人指责时，这时如果你偏要反复解释或还击，结果就有可能越描越黑，事情越闹越大。最好的解决方法是，不妨把心胸放宽一些，没有必要去理会到底谁是谁非。

有位爱尔兰人名叫欧·哈里，他喜欢上卡耐基的课。大概因为他自己从小受的教育并不是很多，所以很爱抬杠。他曾经做过别人的汽车司机，还给别人卖过卡车，可是后来因为推销卡车不顺利挣不到钱而苦恼。于是就来问卡耐基，卡耐基与他坐下来聊天，问了哈里几个简单的问题后就发现他老是跟顾客争辩，如果对方挑别的车子，他立刻会涨红脸大声强辩，所以才会导致车子卖不出去的。

欧·哈里开始并不承认这是卖不出车子的主要原因，但是他也意识到自己在口头上虽然赢得了不少的辩论，但最终还是没能赢得顾客的心。他对卡耐基说："每次赢了顾客的时候，看着顾客气急败坏地离开办公室，我总是对自己说，我总算整了那混蛋一次。我的确整了他一次，可是我什么都没能卖给他。"

后来卡耐基告诉哈里一个办法，如果现在走进来的顾客说："什么？怀德卡车？不好！你就送我，我都不要，我要的是何赛的卡车。"你就接着说："老兄，何赛的货色的确不错，买他们的卡车绝错不了，何赛的车是优良产品。"哈里试着用这样的办法去和顾客沟通，发现渐渐地顾客喜欢上了自己推销的卡车。

不久后哈里就当上了销售明星。他想到自己的曾经，恨不得使劲骂自己，以往他花了不少时间在抬杠上，不仅浪费了自己的口舌，还吓走了顾客。而现在呢，哈里守口如瓶了，竟然有效地留住了客户。

如果你老是抬杠、反驳，也许偶尔能获胜，但那只是空洞的胜利，因为你永远得不到对方的好感。所以，卡耐基告诉哈里的秘诀就是怎么自制，避免争强好胜。其实每个人的天分、智商和性格都是不同的，这会直接导致个人处理问题的方式和方法而有所区别。有的人在问题出现前容易出现"过度紧张"的精神状态，事事都想与人争个高下，自然就会变得疲于奔命。

要知道世上没有永远的赢者，如果此人是一定要以胜过别人而后快的话，那也必定会在这种"过度紧张"中败下阵来。所以，要认清自己的能力，并朝自己能力所及的方向发展，万事尽力而为，即可心安理得。至于是否能胜过别人、争过别人，会达到何种目标，都大可不必放在心上。与其为一些无谓的事争个没完，惹了一肚子气，倒不如放开心胸。

学会原谅别人的过失

生活中面对纠纷，大多数人以为，只要我不原谅你，你就没有好日子过，就可以让对方得到一些教训。实际上，真正倒霉的人是我们自己，因为我们会因此惹来怨气，寝食难安，甚至是会积出病来。其实宽容是一种胸怀，一种睿智，原谅别人就是给自己的心灵撑起一把伞，给人一个台阶就是给了自己上升的台阶。

生活中我们没有必要把宝贵的时间浪费在争执上，为了一点小事做无谓的争吵。生活中还有更多事情值得珍惜。坦诚地承认自己的过失，接受别人的道歉；给对方一点宽容和理解，就会自然而然地消除了怨恨和烦恼。世界上少一些嗔恨和矛盾，人与人之间会相处得更好。事事心平气和，处处生活祥和。我们在生活中多一些宽容，多一些大度，我们的生活就会多一些美好，多一些祥和。

一天晚上，一位老禅师在禅院里散步，忽然发现墙角边有一张椅子，他一看就知道有人违规越墙出去溜达了。这位老禅师也不声张，他走到墙边，移开椅子，就地蹲着。一会儿，果然有一个小和尚翻墙，黑暗中踩着老禅师的背脊跳进了院子。

当小和尚双脚落地的时候，才发觉刚才自己踩的不是椅子，而是自己的师父。小和尚顿时惊慌失措，木鸡般地僵立在那里，不知道说什么才好。但是，更出乎小和尚意料的是，师父并没有厉声地责备他，只是以平静的语调说："夜深天凉，快去多穿一件衣服。"

小和尚回到住处，坐卧不宁，翻来覆去睡不着觉，生怕第二天师父会当着所有学僧的面批评他一顿。但是这件事一天天过去了，师父从来没有再提到过此事，也没有让第三个人知道。小和尚这才渐渐恢复了内心的平静，并为此感到深深自责。从此他再也没有偷偷溜出去玩耍，而是一心一意跟随师父学习本领，最终成为一代深有造诣的高僧。

老禅师给了他的弟子一个台阶。他知道，那时小和尚一定知错明过，那就没有必要饶舌训斥了。这就是老禅师的度量，他给犯过错的弟子提供了冷静反省的空间，从而使其幡然醒悟，自戒自律。从这个意义上来说，宽容也是一种无声的教育。一个宽容的人，到处可以契机应缘，和谐圆满地笑对人生。

有一位要远行的小沙弥，刚一出门就被一位身材高猛的大汉撞了个趔趄，不仅被撞得鼻青脸肿，还被旁边的树枝划破了手掌。大汉怕小沙弥赖上他，就先开口埋怨说："谁让你走路这么匆忙？我这么大块个人，没长眼睛吗？"

小沙弥没说话，也没有归罪于这位大汉，只是笑了笑。大汉仿佛有了惭愧之心，不好意思地问道："我撞了你，你怎么一点不生气呢？"小沙弥很平静地说："既然已经这样了，生气有什么用呢？生气又不能让手上的疼痛减轻半分，也不能让伤痕愈合，相反，生气只能激化心中的怨气。如果我对你恶言相向，或动用武力，即便打赢了你，也会种下恶缘，到头来输掉的还是我自己呀。"

大汉不讲话了，突然脸上生出羞涩来。小沙弥还为大汉开脱说："若是我选择走别的路，或是早出来或晚出来一分钟，都会避免相撞。或许这一撞就化解了一段恶缘，还要感谢你帮我消除业障呢！"大汉听了小沙弥的这段话，觉得很是惭愧，连忙向他道歉。

几个月过去了，有一天，小沙弥上街化缘又碰上了这位大汉，大汉不由分说一定要给小和尚1000元钱，小和尚拒绝不了，于是就当是香火钱收下了。原来，大汉一心忙于事业上的经营，婚后冷淡了娇妻，造成家人不和、后院失火。在得知妻子竟然做出出轨的事后，大汉顿时怒火中烧、报复心起，冲进厨房拿起菜刀，想将妻子杀掉。不料，大汉在举起菜刀的一刹那突然想起了与小沙弥相撞时的一幕，想起小沙弥说的"生气有什么用呢"？事情已经发生了，杀了对方反而会让事态更糟，于是，他放下手里的菜刀，学着像小沙弥那样反思自己的不足之处：好长时间没有陪伴妻子了，是自己冷淡了她，这一切明明是自己造成的，怎么可以怨恨妻子呢？

小和尚对于大汉的无视并不在于其年龄小，身体较之虚弱，而在于其内心对他人的宽容。给别人一个台阶，不与他人争吵，其实是一种豁达，也是一种理解，更是一种尊重、激励。宽容是一种坦荡，可以无私无畏、无拘无束、无尘无染。当然，宽容并不是无原则地放纵，也不是忍气吞声、逆来顺受。它是一种有益的生活态度，是一种君子之风，是睿智人所持有的一种忍耐。

但是，实际生活中，宽恕他人的过错并不是轻易就能做到的，它是人生难得的佳境，一种需要操练、修行才能达到的从容、超然和成熟。宽恕之所以困难，是因为我们都认为，每个人都应该为自己所犯的错误付出代价，这样才符合公平正义的原则，否则岂不便宜了犯错误的一方？但是，不宽恕会产生什么结果呢？痛苦、埋怨、憎恶、报复？这对自己又有什么好处呢？在怨恨中，没有人是赢家，让怒气长期在胸中燃烧，只会灼伤自己，为别人的过错耿耿于怀，只会让自己陷入久久不能释怀的挣扎。只有当我们原谅了别人的过失，才会解开心锁，释放自己。

第六章

天堂和地狱只在一念间

　　积极的心理暗示是我们生活幸福、事业成功的精神基石，很多时候，它就是这么神奇，当我们不时地进行积极自我暗示时，那么我们的生活和事业也就相应地朝着积极的方向发展。可以说，积极的心理自我暗示，是一种神奇的"魔法"，拥有它，我们的世界也就随之而改变。

积极的人生离不开积极的心理暗示

在我们的生活中，心理暗示是比较常见的，它是用含蓄、间接的方法迅速地对人们的心理进行影响的过程。心理学家马尔兹说："我们的神经系统是很'蠢'的，你用肉眼看到一件喜悦的事情，它就会做出喜悦的反应；看到忧愁的事情，它则会做出忧愁的反应。"也就是说，当我们习惯想象快乐的事，那么我们的神经也就会处于一种快乐的状态。

拿破仑·希尔说过："积极的心态是心灵的营养。健康的心灵不但能为身体带去健康，而且还能吸引财富、吸引成功和幸福。消极的心态是心灵的垃圾。病态的心灵，不仅会给身体带去疾病，还会排斥财富、成功和幸福。"可见，积极的心理暗示对人生的重要性，想要拥有一个积极的人生，就少不了对自己进行积极的心理暗示。

生活中，失败平庸者多，主要是心态有问题，遇事不懂得给自己积极的心理暗示。这些人一旦遇到困难，总是习惯说"我不行"、"真难啊"之类的话，结果给了自己一种负面的心理暗示，以至于失去了斗志，被负能量所困扰。而卓越的人，遇到问题时总能积极地暗示自己，"我能行"，"一定有办法"，如此内心中自然就会滋生前进的力量，获得源源不断的正能量，不断前进。

1965年，有一位韩国留学生来到英国剑桥大学学习心理学。在每天喝下午茶的时间，他经常到学校的咖啡厅或者茶座，听一些著名的成功人士聊天，比如诺贝尔奖获得者或者在某一个领域内取得成就的学术权威和一些在经济上取得神话般成就的人。这些人的谈话幽默风趣，举重若轻，每句话中似乎存在着让人积极向前的暗示，让人听了内心生出拼搏的欲望。他们觉得只要敢想敢做，成功是顺理成章的事情。

听大师们谈话多了，这位留学生也掌握了自我暗示的方法。他觉得在韩国的时候被那些所谓的成功人士欺骗了。那些已经取得成功的人，为了能够让后来起步的创业者们知难而退，故意夸大创业的艰辛，让人很容易心生一种"成功是非常困难"的自我心理暗示，从而使得那些梦想创业的人还没开始就已经被所谓的困难吓住了。

为此，他觉得很有必要对这种成功人士的心态加以研究。1970年，他以《成功并不像你想象的那么难》作为自己的毕业论文，提交给了现代经济心理学的创始人威尔·布雷登教授。布雷登教授看到这篇论文之后，惊喜莫名，他觉得这是一个新发现，积极的自我暗示能让人心生积极的能量，对人生有着重大的影响。惊喜之余，他写信给自己的校友——时任韩国总统的朴正熙。在信中，布雷登教授说："我不敢说这部著作对你有多么大的帮助，但是我能保证的是它比你的任何一个政令都能产生震动。"

后来这本书伴随着韩国经济的腾飞鼓舞了许多人，因为他们看完之后，开始从一个新的角度认识成功，普遍认识到积极的心理暗示对成功的重要性。只要你在生活中经常及积极暗示自己"能行"，那么在今后的生活中，你也就处处"能行"了，这就是积极心理暗示带给人的力量。

人生中的许多事情，只要往积极的方面暗示自己，那么我们就能在在立足现实的基础上实现。很多时候，获得幸福和成功的青睐就这么简单，当我们暗示自己能够成功和幸福的时候，我们在今后便会积极地追求，实现也就变得自然而然了。

积极的心理暗示甚至能够创造出奇迹，能让常人变得更加上进，对那些身处苦难的人来说，则更是一剂"兴奋剂"，促使心灵滋生出巨大的正能量，让原本不完美的人生无限地接近完美。

N.H.毕甫佐夫是苏联著名的演员，是无数人心中的偶像。但是，很多人不知道的是，毕甫佐夫有一个很大的缺陷——说话口吃。不过让人很惊讶的是，平常口吃的他一旦登上舞台，就变得口若悬河起来。

那么在舞台上，他是怎么奇迹般地克制自己的缺陷的呢？其实他的办法说起来非常简单，那就是进行积极的自我暗示。每次上台之前，他都会在心中反复地对自己说，舞台上的不是他本人，而是剧中的人物，这个人说话的时候并不会口吃。经过这样不断地自我暗示，最终他在舞台上完全变成了另外一个人。

很多时候，我们身上的一切成就和财富，都源于最初的一个自我暗示，一个小小的意念。我们习惯了什么样的自我暗示，就会有什么样的人生，决定了今后的人生是成功还是失败，是贫穷还是富有。当然，在我们的生活中除了应该积极地自我暗示外，还应该尽力避免受到消极环境的影响，以及来自别人的消极语言、行为的影响。

经常对自己进行积极的心理暗示，是确立自信、巩固自信的一个重要途径。那些幸福和成功的人，总是习惯给自己一种积极的心态，坚持进行积极的自我暗示，如此也就获得了走向成功的最简单的方法。

所以，生活中，我们不妨多在心理对自己说一些鼓舞的话，多想象一下成功的滋味，积极地暗示自己，如此，我们的人生才会变得更加积极。

改变自己的内心，世界也会随之改变

这个世界上，有很多东西我们不能改变，但是，我们却能通过改变自己的心态来改变我们眼中的世界。其实这个观点非常好理解，每个人都有这样的感受，当你沉浸在恋爱的甜蜜当中的时候，周围的世界，所有的人和事都是那么的美好，到处都是光明的，人生之中充满了希望，即使是一些不好的事情，此时的你也能够一笑了之。但是当你遭遇困难和挫折的时候先前感觉美好的人和事就会让你觉得难以忍受。

这个世界还是原来的世界，只是因为你的心态改变了，自然而然地觉得周围的世界也发生了相应的变化。也就是说，态度决定了个人眼中世界的色彩，当你的心态积极快乐的时候，周围的世界也就阳光明媚，当你的心态消极悲观的时候，周围的世界也就黑暗无光。

有一个著名的作家，聘用了一位年轻的女士做自己的助手，负责自己作品的整理、读者信件的回复，以及自己手写书稿的打印。她很努力地做好自己分内的事情，拿到的薪水也和周围其他的同事差不多。

有一次，她在打印作家手写稿的时候，看到了一句非常有哲理的话——人生最大的限制就是自己的心不够开阔。她从中受到了某种启示，体会到了一种新的工作方式。从那天之后，她在工作上的表现与之前大不一样了。开始利用晚饭之后的时间回到办公室整理稿子，并且对自己职责之外的事情也常常尽力完成，虽然这些事情是根本获得不了什么报酬的。

最让作家感到不可思议的是，他的这个助手特意地研究了作家的书信风格，给读者的回信就像作家亲自执笔书写的一样，有的时候甚至比作家写得还好。这让作家在惊奇的同时，对她的工作心态有了很大的好感，作家的心思是敏感的，他能清楚地感受到女性的那种全心全意投入的心态。不久之后，作家的私人秘书因为身体上的原因辞职了，作家想到了她，因为在他给女士安排这个职位之前，她已经主动地进入了这个角色了。

　　这位女士因为心态的改变，使得自己周围的世界也改变了——不仅获得了作家极大的认可，也让自己获得了薪水更加丰厚的职位。可见积极的心态是人生幸福的源泉，是汇聚正能量的首要条件。心态的改变，不仅仅能够使得自己眼中的世界发生改变，而且也能够使得周围的人感受到这种改变，从而对你的认知提升到一个新的高度。这样一来，周围的人和事对你来说都向着好的方面改变，那么生活和工作肯定会在这种改变之中受益良多。

　　当然，向好的心态转变，会带给周围世界好的变化，反之，当心态向不好的方面转变的时候，周围的世界也就会向不好的方面变化。假如那位女士心态转向消极的话，可以肯定，最后的结果肯定不会是升职加薪，她内心的世界一定会更加糟糕！

　　经常积极暗示自己，我们在生活和工作当中才能时刻保持快乐的心情。世事无常，在人生当中，不管面对什么境遇的时候，都要有一颗积极的心态，这样才不至于让你沉沦在黑暗当中。

　　不断回想美好的事情。美好的事情能够让我们保持良好的心态，改变自己的内心世界。很多人之所以消极，是因为他们在面对挑战或者挫折之时，不懂得暗示自己强大、幸福，而暗示自己强大、幸福的最好手段就是回想过去的辉煌，从而为自己在此塑造辉煌而不断地努力奋斗。

　　认真过好现在的每一天。不管我们现在面对着怎样的境遇，都要认真对待它，珍惜它。要知道现在之于人生才是最重要的，现在的每一分每一秒，才是我们实现人生价值的台阶，抓住了它们，不断地奋斗，我们的生活才幸福，事业才能最终成功。

憧憬未来的美好。尽管未来我们不能预知，但是我们可以憧憬一下，幻想它的美好，从中不断汲取成长的力量，不断化为我们前进的动力。很多时候，我们渴望美好的未来，那么未来也就会向美好转变，这正是心态正能量的一种神奇体现。对未来的心态改变了，我们的世界也就随之而改变。

我们不妨仔细看看周围的人，在一个同样的环境当中，有的人每天都在抱怨着身边的人和事，觉得在自己的生活和工作当中，处处会碰到让自己讨厌的人和事，难道自己上辈子作了什么孽？而另外的一些人，则每天都会挂着灿烂的笑脸，觉得自己周围都是朋友，每一步都能得到别人的帮助；有些人说自己的命不好……所有的这一切，其实根源都在于人的心态，心态不同，对周围世界的感受和认识也就不同。

发现自己的闪光点，并放大它

著名笑星冯巩在一段小品中有这样一段话："我是相声界快板打得最好的，快板界相声说得最好的。"这句话乍一听了，给人的感觉是欢快幽默，让人捧腹，但是仔细品味，却颇受启发：一个人，要善于发现自己的闪光点，并放大它。

每个人都是一座宝藏，只要你用心去挖掘和发挥，就将开启一座宝库，它的价值将会比世界上的任何一项财富都要值钱，而且取之不尽，用之不竭，给你的人生带来无限的精彩和希望。但是正是因为这座宝藏具有非凡的价值，所以开发起来并不容易，尽管我们对这方面已经有了很深的研究，可事实上，我们仍有很多潜能没有发挥出来，仍然有无限的空间和方面需要我们努力去探索和研究。

仔细研究各个领域的成功人士，我们会惊讶地发现这么一个现象：这些人不管从事什么行业，都有着一个相似点，那就是他们善于发现自己的闪光点，挖掘自己的潜能，并放大它，使之成为自己人生的支撑点。这些人之所以如此，是因为立足于闪光点，这些人更容易做出成绩，继而获得自我认同，滋生庞大的心理正能量，继而在此推动人生积极前进。如此循环下去，生活也就变得幸福起来了。

世界著名推销大师乔·吉拉德，因为销售业绩突出，在销售界享有盛名，被誉为"世界上最伟大的推销员"。他所保持的世界汽车销售纪录：连续12年平均每天销售6辆车，至今无人突破。

没人想到在这之前，乔·吉拉德是个失败的人。乔·吉拉德患有相当严重的口吃，9岁时，乔·吉拉德只能靠给人擦鞋、送报，赚钱补贴家用。乔·吉拉德16岁就被迫离开了学校成为锅炉工，并染上严重的气喘病，甚至曾经当过小偷，开过赌场。35岁那年，乔·吉拉德破产了，负债高达6万美元。他跌落到最幽暗的人生谷底，"在我人生的前三十五个年头，我自认是全世界最糟糕的失败者！"

在乔·吉拉德面对人生毫无办法之际，他的朋友给他介绍了一份汽车推销员的工作。投入工作的第一天，他就顺利地卖出第一辆车，让妻儿饱餐一顿。乔·吉拉德对于这次的销售业绩是这样评价的，他说："在我眼中，它是一袋食物，一袋能喂饱妻子儿女的食物，更是我身上一个久违的闪光点，它让我看到了从来没有看到过的潜能。我能做的是，仅仅抓住它，并无限放大它。"

虽然乔·吉拉德有严重的口吃，与客户交流语言并不顺畅，但是乔·吉拉德认定了推销才是自己真正擅长的方面，他为此无限地将之放大——充分发挥了自己的亲和力与诚恳待人的优势。没有人际关系的乔·吉拉德，只能靠着一部电话、一支笔勤勤恳恳地努力，最终赢得了众多客户的信赖。

乔·吉拉德经常说的一句话是："通往成功的电梯总是不管用的，想要成功，只能在放大自己闪光点的基础上，一步一步地往上爬。"正是凭借着对自身潜能的了解和放大，乔·吉拉德打造了自己的奇迹。

乔·吉拉德的生活最初是不幸福的，但是当他发现了自己身上推销的闪光点之后，无限地放大了它，并将这些潜能发挥到了极致，所以乔·吉拉德成功了，幸福了。人的潜力是无限的，只要我们善于发现，就会获得磅礴的正能量，那么幸福和成功就会向我们走来。要知道人的优点和潜能是无法估量的，现代医学研究证明，人的一生所能发挥的潜能尚不足全部潜能的4%，所以当我们放大闪光点，不断挖掘潜能的时候，我们也就发现了一座人生钻石矿。

很多人都渴望成功，渴望被别人欣赏，但是由于受到传统的中庸文化影响，人们往往将谦虚、保守当成个人成熟的标志，却将张扬个性看作是一种不成熟的标志。时间久了，就会压制自身的个性发展，更会因此失去自信，觉得自己平庸没有什么闪光点。

当然，发现自己的闪光点并不等于对自身的缺点视而不见，事实上，盲目地骄傲自满往往是自欺欺人的。所以智慧的人在寻找和放大自身闪光点的同时，也就查找自身的不足，他们知道，发现不足也是挖掘自身潜能的重要手段，可以让自身更好地放大优点。

好心态的关键是经常暗示自己很快乐

大家都知道，心理暗示是指一个人接受外界或者他人的愿望、观念、情绪、态度影响的心理特点，是人们日常生活中最常见的心理现象。其实，很多时候，我们自身的暗示对自己的影响比外界坏境的影响往往更大，也就是说，想要拥有一个好的心态，经常暗示自己很快乐是最关键的一个步骤。

当然，暗示自己快乐，一句两句是没有什么明显效果的。这种暗示必须长久，有规律，一句两句的快乐暗示不起作用，百句千句的快乐暗示就可能让你对自己快乐的现状深信不疑。

很多人都有这样的经历：原本做了一个新发型，自我感觉非常好，但是周围的人却都说不好，不适合你，慢慢地你也就感觉这个发型不好了。相反，不管别人怎么说，但是你一直暗示自己，发型很好，我很满意，很快乐，那么你就一直会为自己有一个让自己满意的新发型而快乐着。

1942年，史蒂芬·霍金出生于英格兰。他是当代最重要的广义相对论和宇宙论家之一。17岁那年，他获得了自然科学的奖学金，顺利入读牛津大学。学士毕业后他转到剑桥大学攻读博士，研究宇宙学。可是，正当他风华正茂之时，他却被查出患上了会导致肌肉萎缩的卢伽雷病。

很难想象，年仅20岁的他就患上一种肌肉不断萎缩的怪病，整个身体能够自主活动的部位越来越少，以致最后永远地被固定在轮椅上。命运和他开了一个不小的玩笑，由于医生对此病束手无策，起初他打算放弃从事科研的理想，但他不断地暗示自己，自己是幸福的，快乐的，每天都会对自己说"命运不能改变我乐观的心态"。正是这种不断地暗示，让霍金始终保持了一种乐观面对命运的心态，他选择了坚持下去，快乐地面对人生。

最重要的是，不断地暗示自己快乐，营造出的好心态竟然减慢了病情恶化的速度，让他有更多的时间和精力投入到自己喜欢的事业中去。乐观的他在今后的人生中排除万难，从挫折中站起来，勇敢地面对这次的不幸，继续醉心研究，成为这个世界上最伟大的科学家之一。

让内心时常想起这样的声音——我很快乐,那么我们就会真的收获快乐,即使当时我们面对的是人生最困难的阶段,也会拥有好的心态,让自己积极乐观起来。很多时候,生活就是这样,当我们对自己说快乐的时候,我们就真正拥有了快乐。

北大知名教授、现代著名学者、诗人历史学家、哲学家胡适先生,在 1930 年 4 月曾写信给杨杏佛。在信中,胡适说:"我受了十年的骂,从来不怨恨骂我的人,有时候他们骂得不中肯,我反替他们着急。有时候他们骂得太过火,反损骂者自己的人格,我更替他们不安。"胡适受到了辱骂依然平静快乐的原因,就在于其拥有一种乐观积极的心态,他在生活中就经常暗示自己是快乐的,不管外人如何看待他,他都能用好的心态去面对。

所以,生活中,我们要经常在内心深处对自己说:我是快乐的!如此我们才能拥有一个好的心态,乐观面对无常世事,让自己变得幸福起来。

做任何事情之前,先相信自己能成功

人生就像航行在大海上的船只一样,会经历风和日丽的好天气,也会面对暴风骤雨的坏天气。对船只来说中重要的不是天气,而是面对一切的勇气。对人们来说也一样,失败与成功不重要,重要的是永远看得起自己，相信自己能够成功。因为，只有在做事之前植入了一定能够成功的信念，才能积极争取，勇敢面对，如此，成功也就变得唾手可得了。

正所谓自信人生三百年，会当击水三千里。在我们的人生当中，做任何事情之前，只要有了信心，带着一定能够成功的信念去做，那么我们的内心就会充满了正能量，积极而又主动，就能充分地挖掘自身这座"钻石矿"。假如一个人在做事情之前，连最起码的自信都不复存在，总是怀疑自己的能力，那么即使自身拥有再多的资源和闪光点，终其一生也不会有什么大作为。

在我们周围，有些人之所以在生活和事业中处处感受到困难，就在于缺少这种一定能够成功的信心，他们做事之前犹豫不决，怀疑自己的能力，使得内心动力不足，即使做了也不是最好，最终变得平庸无奇。而一旦拥有了自信，相信自己一定能够成功，那么内心就会变得无限强大起来，面前的问题也就迎刃而解了。相信自己一定能行，能够让人做起事情内心充满勇气，保持一个最佳的心态。

自信和勇气在心中，我们看待问题的角度就会从好的方面出发，不管人生处于何种境遇，总是充满斗志，相信天生我材必有用。所以，不管我们的生活在别人眼中尊贵也罢，卑微也罢，这些并不重要，重要的是我们要有自信，做事之前相信事情一定能够做得最好，这样我们才会觉得，身上有使不完的劲头。

1860年，林肯与道格拉斯竞选美国总统。道格拉斯是富翁，他有竞选专列，有专门的乐队，每到一地，先鸣大炮 32 响。相反，贫穷的林肯与道格拉斯相比，就显得格外寒酸。林肯到各地发表竞选演说，不仅需要自己买车票四处奔波，还要到处拉选票。相比道格拉斯，林肯不仅没有可夸耀的身世，也没有雄厚资本，很多人认为，在面对道格拉斯这样的对手，他不可能成功。

然而林肯却觉得自己一定能够走进白宫，成为总统。面对强大的竞争对手，林肯面对选民高呼："我唯一可以依靠的就是你们，我一定会成功！"尽管林肯其貌不扬，甚至有人说他长得丑陋。还有人攻击他，说他是"两面派"，林肯回击道："如果我有另外一副面孔的话，我还用现在这副面孔干什么？"美国选民最终选择了自信、坚强的林肯。

林肯有了一定能够成功的信念，相信自己，所以他最终成功了。现实生活中，我们也应该如此，做事之前首先对自己说，我一定能够成功。如此，我们才能获得巨大的心理能量，让自己的行动有力而坚定。

相信自己一定能够做好，我们才能挖掘潜能。其实上帝对每个人都是公平的，给予每个人的潜能相差无几，之所以有的人成功了，有的人却一辈子碌碌无为，是因为前一种人挖掘了自己的潜能，而后一种人没有。所以说，一个人在做事情之前，绝对不能自我否认，在人生之路上，要始终相信自己一定能成，不停地挖掘潜能，这样才能出成绩。

如果有人打击你，请不要当真

生活中，消极的心理暗示是一种可怕的负能量，特别是遇到别人打击的时候，太当真了，就会觉得自己在别人眼中没有什么价值，四周的人处处和自己作对，让你的内心消极起来，继而影响到人生观和世界观，内心滋生负面情绪。聪明的人懂得怎样对待别人的打击，他们不会将之当真，努力剔除这种消极暗示。

生活中，消极的心理暗示无处不在，随便拿起一张报纸或者转到某个频道，我们都会发现无数消极的报道，这些报道不断在我们心中播下焦虑的种子，叫你寝食难安，如临大敌。面对打击，不当真，才是真的生活智慧。比如一次考试考差了，老师说你"真没用"，千万不要当真。曾有一位成绩不错的学生，考试时做错了一道简单的题目，老师讽刺道："这么容易的题都错，还怎能考上大学?!"结果这个学生一蹶不振，真的名落孙山。多么可怕的消极暗示！

20世纪的美国，种族主义还非常严重，尤其是在一些政府机关以及一些和政府联系比较紧密的机构，比如军队，对黑人都比较排斥。那个时候，有一个名叫布兰布尔的黑人，怀揣着成为一名出色蛙人（海军潜水员）的梦想，对未来充满了渴望。

但是周围的人都觉得布兰布尔的这个梦想很难实现，虽然当时美国军队中有很多黑人，但大都从事勤务和厨师工作。几乎没有一个黑人被分配到作战岗位上去，更不用说技巧要求非常高的蛙人了。但是布兰布尔不相信这些，他苦练游泳技巧，相信自己终有一天能够成为一名蛙人。

有一天下午，天气非常炎热让人感觉如同置身蒸笼一样。那些白人士兵们纷纷跳下船去，把自己泡在海水里，在练习游泳的同时也消暑。布兰布尔看到这样的情景，忙从厨房里跑了出来，跳入大海中，和其他人一样迅速地向远方游去。尽管他游得很快，比最优秀的白人士兵整整领先了三分钟，但是当他游回来的时候，迎接他的不是掌声和表扬，而是三天的禁闭。当教官要他检讨的时候，他非常坚定地说："不，我要当一名真正的蛙人！"教官轻蔑地看着他说："你的战场在厨房里面，别做梦了！要知道美国军队里面的潜水员至今没有一个黑人！"

尽管没有获得上司的认可，遭受到打击，但是布兰布尔并没有将那些话当真，没有放弃，相反，他想当一名蛙人的热情更加高涨了。他写了几千封的申请书，要求去新泽西州的潜水员学校，而不是如现在一样待在厨房里。最终一位教官被他的执着精神所感动，以私人名义写了一封推荐信，恳请潜水员学校的校长接纳这位优秀的黑人士兵。虽然之后那位校长接收了布兰布尔，但是有着严重种族歧视思想的校长却私下里做出了决定：决不让布兰布尔毕业成为真正的潜水员！

在潜水课上，白人士兵潜水的时间是三分钟，可校长故意将他的

· 145 ·

时间延长，并戏谑地说：黑小子若能活着上来，我的头发就要白了。结果，他在海水里潜了足足五分钟，安然无恙。就这样，在种种的刁难和蔑视下，布兰布尔依然坚强地留了下来，并且学习的热情越来越高。从那以后，他用自己的热情和实际行动赢得了战友们的认可。一年之后，布兰布尔以优异的成绩从学校毕业，当上了一名真正的海军"蛙人"。

布兰布尔没有在意别人的打击，而是坚持自己的梦想，一路走了过去，最终让自己站在了人生的新起点。俗话说："怕什么，来什么。"生活中，假如我们太在意别人的言语和行动，对别人的打击耿耿于怀，那么就会让自己陷入消极暗示的牢笼，就会经常下意识地提醒自己，不要这样，小心那样，如此一来就会犹豫不决，过多地消耗自己的精力，经常让自己处于一种紧张、焦虑、疲惫的状态。

所以，在很多时候，我们要学会无视别人的打击，剔除他人对自己的消极暗示。当我们学会怎样面对别人的非议和冷眼时，我们也就学会了怎么捕捉生活的幸福。对自己充满信心，坚定地走自己的人生路，那么正能量就会充满我们的内心，我们前进的脚步也就变得更加有力！

相信自己运气好，好运就会眷顾你

正所谓天有不测风云，人有旦夕祸福。现实也的确如此，幸运抑或不幸总是不确定地循环地发生在我们身上。也许有人觉得相信运气带有"迷信"色彩，是一种侥幸心理，其实不然。相信自己运气好，其实是一种潜在的自我积极心理暗示，有了这种暗示，那么行动也会积极，好运也会奇迹般地眷顾你。

现实生活中，很多人都喜欢随身携带着一件小东西，他们将之视为自己的幸运符，认为这会给自己带来好运气。

相信自己运气好，好运就会眷顾你。其实很好理解，当你相信自己运气举世无双的时候，你的内心也会变得更加积极、坚韧，行动会更加果敢、有力，在这种预期成功心理的暗示下，运气也就成为我们不断自我激励的源泉，将我们带往真正的好运。

德国历史上，有100多名勇士先后独自一人做了"驾驶单座折叠式小船横渡大西洋"的冒险，但是结果都非常凄惨，几乎全部葬身于险恶的大西洋。然而，其中一个人却成功创造了奇迹，这个人就是当时德国一位著名的精神科医生林德曼博士。

林德曼博士事后回忆这个冒险过程，得出如下结论：在大洋上孤身和风浪搏击，最大的危险不是体力不支，而是自身面对大自然无常变化时所产生的恐惧和绝望。林德曼说，在航海的过程中，他一直在内心深处暗示自己是被上帝眷顾的人，好运气会相随在身边。他时时坚信自己好运，在内心呼唤："我是好运的，一定能成功！"他就是用这样的方式支撑了自己，让自己战胜了恐惧，最终他惊喜地发现，自己真的被好运眷顾了，他成功到达了大洋的彼岸。

林德曼博士每时每刻都相信自己好运，最终他凭借这样的暗示战胜了险恶的自然。其实相信自己好运本身就是一种积极的自我心理暗示，他对人们的情绪和生理状态能够产生良好的影响，调动人的内在潜能，发挥最大的能力。

闻名世界的钢铁大王卡内基年轻的时候每天要把自己的目标念上千遍，因为他一直觉得自己运气好，念多了，好运自会眷顾他。其实他的目标就是一句话："我要成为百万富翁"。让人惊奇的是，最终他真的被好运气眷顾了，一路顺风，轻松地现实了自己的目标。诚然卡内基的成功并不是取决于每天"念"千遍，也不是所谓的运气，而是相信运气好的积极心理暗示，让他更加自信，敢于拼搏和冒险，激发出了身体里的潜能，这才让他实现了自己的目标。

很多时候，生活就是这么神奇，当我们相信自己好运的时候，好运就会如影相随，不断地给我们的生活增添美丽的色彩。相信自己好运，也是一种积极的自我暗示，会让我们更加快乐地生活，敢于冒险，敢于创新，因为好运一直跟随着我们，我们随时都有可能成功！

生活平淡时，要暗示自己一切都好

很多人总会滋生出这样的想法：生活平淡无奇，波澜不惊。有了这种想法，这些人就会倾向于这样的自我暗示：我的生活很卑微，很平淡，和那些闪光的人相比，我的一切都很糟糕。其实这种暗示是非常错误的，生活平凡并不等于一事无成，也不等于被幸福抛弃，这个时候我们要不断地给自己说"一切都好"，如此我们才能心态平和，拥抱幸福。

现实生活中，觉得自己生活平淡的人，往往内心会滋生出焦躁、郁闷等情绪，继而影响身心健康。所以我们在感到生活平淡的时候，要及时地暗示自己，一切都好，这样才能让自己躁动的心平静下来，才会仔细品味这种生活，找到之前我们所忽视的幸福，继而享受这种生活。

她的爱情和婚姻可以说是非常平淡的，老公是她的第一任也是最后一任男友。恋爱四年，这期间老公从来没有对她说过什么海誓山盟的情话，甚至连一朵玫瑰花都没有送过，没有说过一句俗套的"我爱你"。

有时候，她会觉得自己的爱情太平淡了，尽管很多人告诉她这是淡然，但她还是觉得缺少浪漫，难道以后自己就要和这样的男人平平淡淡地生活一辈子吗？自己向往的那种花前月下、浪漫满屋的爱情也许止在另一条路上等着呢。但是这样的想法也只是一闪而已，生活毕竟是真实的，她一直在心理暗示自己，这种平淡的生活才是最真实的，自己的生活一切都好，自己很幸福。

想着自己一切都好，她也就想起了老公温暖的爱，她能从他的一言一行中感受到那种细雨润物的痴情。刮风的时候，他会脱下外套，默默地披在她的肩膀上；下雨的时候，他宁愿自己被淋湿，也会把伞尽量地偏向她，不会让雨点打湿她的一根头发。打电话的时候，他总是会说：你先挂。

她和老公之间难免会因为一些事情磕磕绊绊，发生争吵。她爱哭，当她第一滴眼泪从眼角滑落的时候，老公总是会立即放弃嘴中的词语，后悔自己的不理智行为，所以之后的每一次争吵，都会以老公的道歉作为结尾。

她审视自己的婚姻历程，并没有什么惊世骇俗，也没有什么激情飞扬，有的只是一份足以让人沉醉其中的平淡，一种温馨和幸福。

她的爱情是平淡的，但是她一直暗示自己，一切都好，于是她感受到了老公一言一行中的幸福，享受到了这种平淡之中的温馨。

其实生活中的我们，也要在平时不断地暗示自己，一切都好。如此我们才会获得淡然的正能量，正视自己，享受自己的生活。

觉得生活淡然时，我们要暗示自己，一切都好。我们不妨从下面几点入手，让自己享受平淡，体味平淡之中的幸福。

多暗示，勤暗示。有句话说，一句话重复一遍也许自己不相信，重复几百遍，就觉得是真的了。其实暗示也是这种效果，生活平淡的时候，一遍遍暗示自己，一切都好，次数多了，那么我们的内心也会相信生活真的很好。

要感恩。有些人之所以觉得自己生活平淡，是因为缺少一颗感恩的心。很多时候，其实我们的生活中并不缺少波澜和感动，只是因为我们的内心麻木了，不懂得感恩，不知道感受，所以才会有平淡的意识。只要我们抱着感恩的心态去看待生活，那么我们就能从别人的一言一行中发现善意，发现真情，从而去享受这种平淡。

坏事发生时告诉自己 "没啥大不了的"

人生不可能永远一帆风顺，面对突如其来的困境，有的人裹足不前甚至倒退，有的人却能在困境面前爆发出更大的热情，勇敢地向前。正所谓天将降大任于斯人也，必先苦其心志，劳其筋骨，当我们对自己说一声"没什么大不了的"，我们会发现，坏事情也就不再那么坏了，当我们走过了最黑暗的夜晚，黎明曙光也就不远了。

也许平静的生活会因为突然的失业而被打破，也许在路边散步的你会莫名其妙地遭遇一场交通事故，也许工作中你会莫名受到别人的排挤……人生之中，我们会遇到很多的坎儿甚至是很多不愿遇到的坏事情，这个时候我们应该怎么去面对呢？是号啕大哭，还是一蹶不振？那些懂得生活的人，在面对人生坏事的时候，往往会淡然地说上一句"没啥大不了的"，然后继续走自己的路。在这些人看来，最坏也不过从头再来，只要自己觉得事情不够坏，那么再严重的挫折也不会在我们的内心激起涟漪。

也许有人说遇到坏事的时候，说一句"没啥大不了的"很容易，但是实际上做起来却很难。其实只要我们方法得当，在实际中做起来并不难。

首先，在平时，我们要培养自己的乐观精神。乐观是生活幸福的保险，人没什么也不能没有乐观的心态。所以在日常生活中，我们要多培养自己的乐观心态，让自己变得乐观起来。很多时候，当我们拥有一个乐观的心态时，再坏的事情在我们眼中也会变得"没有什么大不了的"。

其次，战略上轻视，战术上重视。也就是说，当我们遇到所谓的"坏事"时，先要告诉自己事情没有多坏，不要将它看得太重、太糟。但是在具体应对的时候，我们要尽可能地用心，尽最大努力扭转。

再者，要学会"分享"。遇到坏事，不要将它憋在心中，可以找朋友倾诉，将自己心中的悲伤、愤怒等负面情绪"分享"给亲朋，如此一来，我们内心的负面情绪也就减弱了，而正能量则会在亲朋的"分享"过程中不断增加积累，最终我们再回头看待坏事的时候，也就不再感受那么严重了。

著名诗人S.乌尔曼曾经说过："年年岁岁只在你的额上留下皱纹，但你在生活中如果缺少淡然，你的心灵就将布满皱纹了。"处于困境中的我们，要尽力对自己说"没有什么大不了的"，尽力缩小消极影响，让自己重新热情地面对生活，如此才能拥抱幸福，汇聚强大的正能量。

第七章
逆境是上帝给予的礼物

遭遇逆境，陷入困局，并不可怕，可怕的是我们失去战胜逆境和困局的欲望和信心。很多时候，逆境并不如我们想象的那般可怕，当我们能够耐心地面对，秉持坚韧之心，善用心态的正能量，那么我们就会爆发出巨大的潜能，战胜逆境，并且凭借在逆境中的收获，一飞冲天。

人生是长跑，考的是耐力

　　生活中，很多人都想在事业或学业上有所成就，但是，只有一少部分人取得了胜利，多数人在起点和中途就放弃了努力。按理说那些放弃者完全可以尝到胜利的喜悦，但他们往往缺少坚持下去的耐力。人生路漫漫，只有那些有耐力的人才会有所成就。

　　俗语说"功到自然成"，这里所提到的"功到"，其中便隐含了"耐力"的意思。可见，一个人要想取得学业上或事业上的成功，生活幸福，除了个人的努力之外，耐心地坚持下去也是实现这一目标的重要条件。能够到达金字塔顶的动物只有两种：一种是雄鹰，它有着轻盈的翅膀，另一种则是蜗牛，它会坚持不断地攀登，有着超常的耐力。蜗牛虽然爬得很慢，可是凭着耐心，不放弃，它一样可以到达金字塔顶端，在金字塔顶端的蜗牛，眼中的世界和雄鹰是一样的。

　　很多人之所以失败，不是因为他们没有天分，常常是因为这些人在最后关头失去了耐力，没有坚持下来，放弃了，所以他们的人生才和成功失之交臂。碘元素的发现就是一个很好的例证。一位化学家因为害怕烦琐的实验，就放弃了。而另一位化学家则坚持下来，于是他成了第一位发现碘元素的人，名垂史册。生活中的我们也一样，假如没有耐力去做一件事情，那么再简单的事情也不会成功。

当你在追逐梦想的时候，遭遇困难和障碍是不可避免的事情，这个时候，最重要的是坚信自己一定能行，耐心地坚持下去，这样我们才会获得勇气，让自己的人生在耐力中闪光。

人生就像一次长跑一样，不要太在乎一时是否领先，重要的是不断地往前跑，一定要坚持下去，跑到最后。坚持自己的选择，不轻易放弃，再大的障碍也能跨越。

失败是一种学习经历，你可以让它变成墓碑，也可以让它变成垫脚石。事实上，没有永远的失败，失败仅仅存在于失败的人心中，只有屡败屡战的人才能真正享受成功的喜悦。失败是一所最磨炼人的大学，从失败中学到的东西更为可贵！曼德拉曾说过："生命中最伟大的光辉不在于永不坠落，而是坠落后总能再度升起。"人生没有轻易可得的胜利，唯有坚持才能走向成功，耐力就是最强大的力量。

阳光总在风雨后，请相信有彩虹

人生路漫漫，我们总会遇到风雨的洗礼，只有那些相信雨后彩虹的人，才能汇聚心中的正能量，让人生变得多姿多彩。遭遇到挫折，便一蹶不振，看不到希望，这种人最终会被生活所抛弃。

世界著名作家布莱克说："水果不仅需要阳光，也需要凉夜。寒冷的雨水能使其成熟。人的性格陶冶不仅需要欢乐，也需要考验和困难。"困难是人生的考验，是对我们的历练。我们要坚信，人生的风雨是我们前进道路上的磨砺，而磨砺之后，便是荣耀的光环。

所以，不管我们身处何地，现在面对的境遇有多么糟糕，也不要让自己丧失对成功和幸福的渴望。

就像一首歌中唱的那样，"三分天注定，七分靠打拼，爱拼才会赢"。进取的精神加上拼搏的毅力，就能让我们收获成功的资本和境界，使我们发挥出自己最大的潜能，像暴风雨中的海燕一样搏击长空，收获强者的快乐，演绎意气风发的人生。

所以，在现实生活中，我们需要不断地暗示自己坚强、快乐，要提升自己的逆商，让自己在面对挫折时能够坦然接受，屡败屡战，如此我们才能在漫长的人生旅途中收获属于自己的成功，实现自己的人生价值。

也许有些人会认为自己的人生无以为荣，甚至充满了一个又一个的失败和挫折，但是这并不重要，重要的是你至今是否还保持着向上的勇气和坚持下去的耐性，因为只有这样，我们才能搏击人生的风雨，期盼雨后明媚的阳光和鲜艳的彩虹。

做事半途而废的人，永远别想成功

在我们通往成功的路上，往往会有着很多的坎坷，坑坑洼洼的路面让我们经常摔倒，各种因素都在影响着我们前进的脚步。我们周围的人，经常会有这样的表现，他们对自己的学业或者工作能够从一而终，能够不懈地努力，从来不受别人的影响，到最后往往能够获得成功；而有些人则不知道脚踏实地地工作和学习，好高骛远，经不起诱惑和挫折，缺乏那种坚持的精神，如猴子掰玉米，掰一个丢一个，最终的结果往往是一事无成，碌碌无为。

德国著名化学家李比希曾经试着将海藻烧成灰，用热水浸泡，然后往里面通氯气，这样就能从中提炼出碘元素。但是之后他发现在剩余的残渣底部，沉淀着一层褐色的液体，将这层液体收集起来，会闻到一股刺鼻的臭味。李比希之后重复地做了这个实验，但是每次都得到相同的结果。

李比希觉得这是通了氯气的结果，想当然地认为这是氯气和海藻中的碘起了化学反应，继而生成了氯化碘。所以他没有继续研究下去，结束了对这种液体的进一步研究，在这些液体上贴了一个"氯化碘"的标签就完事了。

几年之后，李比希看到了一篇名为《海藻中的新元素》的论文，他屏住了自己的呼吸，仔细地看完了全文，悔恨莫及。原来论文的作者波拉德也做了和他相同的实验，也在最后发现了那层散发着臭味的液体。但是和李比希不同的是，波拉德并没有想当然地给出结论，继而终止实验。相反，他继续深入地研究了那层液体，最后得出了这样的结论：这是一种未被发现的新元素。波拉德将之命名为"盐水"，并将自己的发现通知了巴黎科学院，科学院将这个新元素改名为"溴"。

李比希半途而废的实验让他错失了发现新元素的机遇，对他来说不能不说是一个巨大的打击。生活中，我们也会发现，那些做事只有三分钟热度的人，很难做出成绩，不管这些人有着怎样出众的才华，却始终一事无成，被生活所遗忘。

所以，在我们的生活和工作当中，我们要和半途而废的习惯绝缘，坚信前路必然畅通，那么我们就能在坚持中获得真正的成功和幸福。坚持自己的目标不放弃，能够一次又一次地在摔倒之后爬起来，直到我们实现自己的目标，那么不管我们的理想现在看起来多么遥远，我们也能够实现。

成功就是永不放弃。要知道在这个世界上，之所以有那么多的人一辈子庸庸碌碌，什么事情也做不成，不是因为这些人不相信自己，而是因为他们没有永不放弃的决心和毅力。

在1948年的时候，英国的牛津大学曾经举办过一次以"成功秘诀"为主题的讲座，学校邀请了丘吉尔来做报告。在这之前的几个月里，英国的媒体就开始报道这个讲座，社会各界人士也翘首以待。

等到举办讲座的这一天,整个会场被人们围得水泄不通,所有的人只有一个目的,就是想听一听丘吉尔的成功秘诀是什么。当这位大政治家开始演讲的时候,最先向听众们打了一个手势,止住了大家雷鸣般的掌声,然后开始了他的经典演讲。他说:"我成功的秘诀有三个:第一个是决不放弃;第二个是,决不、决不放弃;第三个是决不、决不、决不放弃!我的演讲结束了。"

丘吉尔在说完这几句话之后就走下了讲台,而整个会场一下子安静得可怕,连一根针掉在地上的声音都能够听到,但是仅仅一分钟之后,整个会场就爆发出更加热烈的掌声,持续了很长的时间。

丘吉尔的寥寥几句话告诉了我们一个成功的秘诀——人生当中其实没有真正的失败,只有放弃,只要我们有坚定的信念,不放弃自己的理想,那么我们就能够成功。

生活当中的障碍是生活当中必不可缺的一部分,从我们出生开始,就要跨越一个又一个的障碍,也因为这样,我们学会了说话,学会了走路,学会了骑自行车,这些都需要我们去坚持,只有坚持,才能跨过横亘在面前的障碍。假如我们不敢面对,不敢跨越,不坚持下去,碰到了障碍就要放弃,半途而废,那么我们还会说话和行走吗?

我们在生活当中坚信自己,永不放弃,那么不管我们面对的障碍有多高,我们都能够将之跨越。

坚持是通向成功之门的金钥匙,阿赫瓦里正是用他自己一路顽强的坚持获得了世人的尊敬。作为一位运动员,能够完成比赛就是成功,而能够以这种坚韧不拔的毅力去完成比赛，阿赫瓦里是奥运精神最好的传承者，这也让他在奥林匹克大家族中成为成功者。这就是坚持的力量，坚持给阿赫瓦里带来了意想不到的成功。

比别人多努力半步，成功就会属于你

从古至今，依靠勤奋努力成功的人数不胜数，即使那些比别人多努力半步的人，也会获得幸福的青睐。古代的凿壁借光，现代的数学大家华罗庚，都诠释了努力勤奋对生活和事业的巨大推动作用。古今先贤无一不是通过努力才达到自己事业的顶峰的，拥有幸福的生活。

世界上最伟大的发明家爱迪生曾经说过这样的话，他说巨大的成就，出于长期的努力，可见努力是我们到达成功彼岸必不可少的条件。生活和工作中，机会总是青睐有准备的人，所以那些能够抓住所有时间不断奋斗的人，才会将自身的力量发挥到极致，实现人生的价值。

担任北京航空航天大学校长的李未院士，在2008年新生开学典礼上曾经做了题为《以三倍于常人的努力去学习和工作》的演讲，鼓励大学新生能够在今后的学习中为了自己的学业以及今后的人生更加努力。

长期从事计算机教学与科研工作的李未院士，在自己的研究领域不断努力，结出了丰硕的成果。他是参与创立、发展和完善结构操作语义的主要学者之一，最先使用这种方法给出了Ada语言有关任务，包括并行、汇聚、通讯、同步及选择等机制的语义，建立了在并行机制下的程序模块以及程序例外处理的语义。其间，不管遇到什么样的困难，李未院士都没有放弃过努力，面对一个又一个逆境，他能塌下心来，一步一个脚印，最终树立了自己在计算机领域的权威地位！

在李未院士身上，展示出来的就是一种不懈努力的精神，为了自己的梦想，他们能够不断地付出，不管面对什么样的艰难，也不会停止前进脚步。生活中的我们，也应该明白这样的成功理念：努力是成功的阶梯，即使我们仅仅比别人多努力半步，也会取得相对于别人更高的成就，获得幸福的青睐。没有不断地努力，不懂得奋斗，成功是永远不会到来的。

比别人多努力半步，意味着要比别人做得更好、更精。很多时候，我们之所以始终和成功保持着距离，是因为我们做得还不够好。

任峰在所任职的那家世界500强公司里，最初只是一个低级的职员。只在短短的两年时间里，他就成为老板最为欣赏的人，担任其下属一家公司的总裁。他之所以能如此快速地升迁，秘密就在于以"做得更好"的精神工作，每次做事都极大地超出了老板的预期。

在谈到成功经验的时候，他平静而简短地道出其中缘由："在为老板工作之初，我就注意到，每天下班后，所有的人都回家了，老板仍然会留在办公室里继续工作到很晚。因此，我决定下班后也留在办公室里。是的，的确没有人要求我这样做，但我认为自己应该留下来，在需要时为老板提供一些帮助。工作时老板经常找文件、打印材料，最初这些工作都是他自己亲自来做。很快,他就发现我随时在等待他的召唤,并且逐渐养成招呼我的习惯……"

老板为什么会养成召唤任峰的习惯呢?因为任峰主动留在办公室,使老板随时可以看到他,并且诚心诚意为他服务。任峰比别人做得更好,所以他让老板另眼相看,成了老板离不开的人,最终他成功了,将自己的职业生涯提升到了一个新的高度。

所以,不管我们的梦想是什么,我们现在处于一种什么样的境遇,都要不断地努力向前,努力改变我们的处境,努力追求我们的目标,做得比周围的人更好,终有一天,我们会破茧而出,实现自己的梦想。

我们不奢望如同那些巨人般为了成功而废寝忘食,只要每天腾出相应的时间,为了自己的理想而努力"一点点",将自己的事情做到最好,也许只是好上一点点,我们的人生也会因此而变得美丽起来。

成长动力是汇聚逆境正能量的法宝

在遭遇逆境之时,成长动力是我们内心强大的正能量,是战胜挫折困难的法宝。一个想要不断变得强大的人,在面对逆境之时,不会轻易倒下,而是不断地探索,不断地抗争,继而在逆境中收获经验,一步步走出自己的人生色彩。

一个人,要时刻有变强的欲望,如此才能在心中滋生出强大的正能量。很多时候，我们在面对逆境、困厄的时候之所以不断退缩，甚至一蹶不振，醉生梦死，就是因为我们内心缺少前进的动力，不能及时提供战胜困厄的正能量。

生活中的我们，假如面对人生的逆境，没有面对的勇气，没有不断变强的心理滋生出来的正能量的支撑，是不可能战胜挫折和困厄的。可见，人生中遭遇坎坷并不是什么不幸的事情，而失去前进的动力，心中充满了负能量，才是人生黑暗的开始。

清代时有一个人名叫马彪，固原人，年轻的时候不务正业，游手好闲外加无赖透顶，没有人看得起他。有一次，他不小心冲撞了固原提督的车队，提督下令将他按倒在辕门脱掉裤子杖打屁股。被打之后，马彪询问周围看热闹的人："提督官在这里是最高的官了，什么样的人才能做提督官？"有人告诉他当兵的人才能有希望做提督。听到这个消息之后，他慢慢地提上裤子，愤然地说："假如当兵真的能够做提督，那么我也有能力将来当提督。"见众人面露不屑，又当着周围的人发誓说："我不当上提督，这辈子也不再进此城。"大家觉得这是小无赖在自己找台阶下，全当是看热闹，"哈哈"大笑起来。

马彪觉得自己被人轻视，回家之后找了一把破旧的剑，就真的去当兵了。后来他随着大部队去讨伐回部叛乱，因为每次作战都很勇敢，打仗的时候奋不顾身，立下了战功，被提升为总兵官。一次行军路过老家固原，当地官员邀请他入城休息一下，他却回答道："现在还不是我回家的时候。"因他从来没有忘记自己发下的誓言，不当上提督绝不入此城，现在他还只是个总兵官。后来马彪带着自己的部队又参加了数次战斗，立下新的战功，被授予固原提督之职。

其实很多时候我们也能成为马彪，真正实现自己的理想，只要我们在面对人生逆境时，不断地总结失败的经验，壮大成长的动力。要知道人是需要被激励的，只有那些渴望不断成长的人才能做出一番伟大的事业。正所谓有志者事竟成，心中渴望着不断成长，逆境不仅不会伤害到我们，反而会转变成我们前进的动力，激发我们心中的正能量，让我们更加有力量向前。

很多时候，逆境并不可怕，可怕的是我们在面对逆境时选择消极地对待，选择沉沦下去。在智慧的人眼中，只有怀揣大志向，渴望不断成长的人，才能最终战胜逆境，不断积累经验，实现自己的人生价值。

所以，在生活中，我们需要不断激励自己，让自己时刻拥有成长的动力，怀揣变强的欲望，这样在面对逆境之时，我们才会有足够多的正能量支撑自己，激励自己。如此，我们的人生才会在逆境中收获宝贵的财富，当我们走出逆境之时，也就距离成功不远了。

培养看家本领，助你走出逆境

所谓"看家本领"，就是我们自身具有而别人所不具有的某种优势，他或让我们在某一领域内如鱼得水，或让我们熟练地解决别人眼中的难题。有了这种看家本领，就等于我们有了一种保障，在遭遇逆境时，可以从容镇定，轻松应对。

现实生活中，不管我们从事着什么样的工作，处于何种境遇，我们都要注重培养自身的优势，使之成为别人所不具备的"看家本领"。这是我们应对逆境时的一种关键且强人的正能量，有了独特的技能，内心就能淡定踏实，在逆境中坦然面对挑战并走出困境。

1988年，林书豪出生于美国加州，是一个地地道道的美籍华裔。他自小就热爱篮球，几乎将所有的业余时间都投入到了篮球运动中。高中时代的他，带领校队获得了加州中学联赛的冠军，这让他对篮球入了迷。

高中毕业之后，林书豪进入了哈佛大学深造。在哈佛的四年时间中，林书豪仍然坚持着自己的篮球梦想，在校篮球队中担任队长一职，率领球队横扫常青藤联盟，刷新了哈佛大学校史纪录。他的前程看似一帆风顺，在篮球之路上越发春风得意。

但是自从进入NBA之后，他却遭遇了逆境，宛如一个四处碰壁的流浪者：他三次被下放到NBA发展联盟，先后被火箭队、男士队裁掉。一次次被轻视，一次次遭遇挫折，辗转于一个个陌生的球队，林书豪的篮球生涯蒙上了一层阴影，前途一时间变得暗淡起来。

但是林书豪没有灰心失意，他明白在这个强者如林的联盟当中，只有练就一身过硬的"看家本领"，才能闪光，才会改变自己的困境。林书豪开始培养自己特有的篮球技能，即使在之后的NBA停赛期间，没有任何收入来源的林书豪也坚持在球馆每天独自训练超过6小时，他的篮球技巧变得越发成熟起来，特别是在运球突破上，隐隐有了超级球星的风采，如同利矛一般，能够穿透任何的防守。

后来他在纽约尼克斯队那里得到了一份合同，正是在这一年，林书豪用自己培养出来的"看家本领"彻底征服了观众，他用自己特有的犀利突破一次次撕裂了对方球队的防守，为尼克斯对夺得了一场又一场的胜利。他成功了，凭借着自己犀利的突破球风走进每一个美国人的内心，上至总统，下至儿童，都在为他欢呼，他因此改变了"流浪者"的处境，上升为身价千万的球星。

林书豪之所以能够走出最初的逆境，成为美国职业篮球联盟中的球星，依靠的就是他犀利的突破，正是刻苦地训练，让他在篮球场上有了质的蜕变，成为一代华裔美国人心中的奋斗榜样。

有句话说，世界上没有完全相同的叶子，每片都有自己的特色。其实我们人类又何尝不是这样呢？每个人都是独一无二的，我们拥有别人不擅长的优势，只是在某些时候，我们看不清自己，把身上的优势掩盖住了。所以，只要我们善于发现自己的优势，加以培养，使之成为我们的"看家本领"，那么在面对逆境之时，我们战胜它的概率也就无限变大了。

在现实当中，要着眼于自己的优势，立足长处发展，将之培养成我们的"撒手锏"，这样当我们遭遇挫折、逆境之时，才有所谓的资本与之对抗，才有走出去的基础，才会内心强大，全身充满正能量。假如两只眼睛只盯着身上的短处，不相信自己，那么生活和工作只能陷入平庸当中。

累积小的成功体验，增强前进的信心

很多人都明白自信心对人生的重要性，但是却不知道自信心源于何处。其实培养自信心的一个便捷的方法就是不断地积累小的成功体验，在一个又一个的小成功中获得喜悦，使得对自己充满信心，这也是助我们战胜逆境的一种不可或缺的正能量。

积累小的成功体验，关键在于将大的人生目标分解为小的奋斗目标。要知道，小的奋斗目标不仅仅是我们在实现大目标上的一小步，还是我们不断积累小的成功体验的源泉。因为大目标看起来遥遥无期，但是分解后的小目标却非常容易实现，当我们不断地在实现小目标的同时体验成功的快乐，那么我们就会变得更加自信，前进的正能量也就更加庞大了。

1984年，在日本东京举办的国际马拉松比赛中，之前名不见经传的日本选手山田本一鸣惊人，出乎所有人的意料，成为世界冠军。当有记者询问他凭借着什么取得这样好的成绩时，山田说了这么一句话："凭借智慧战胜了对手。"那个时候，很多人都觉得这个偶然跑到人们前面的矮个子选手是在故弄玄虚，说这样的话纯粹是为了造势。

10年转眼间过去了，这个谜底被彻底揭开。山田在他的《自传》一书中这样写道："每次比赛前，我都要乘车将比赛的路线仔细看一下，并把沿途比较醒目的标志画下来。比如第一个标志是银行；第二个标志是一棵大树；第三个标志是一座红房子……这样一直画到赛程的终点。比赛开始后，我就以跑百米的速度，奋力地向第一个目标冲去，过第一个目标后，我又以同样的速度向第二目标冲去，每过一个目标，我都有了小小的成功体验，对自己成为冠军更加自信起来。起初，我并不懂这样的道理，常常把我的目标定在4万米外的终点那面旗帜上，结果我跑到十几公里时就疲惫不堪了。我被前面那段遥远的路程给吓倒了。"

山田之所以能够出人意料地获得世界冠军，在于他能够在比赛过程中积累一个又一个的成功体验，让自己前进的信心更加坚定。正是这样的正能量，促使他不断地超越一个又一个的小目标，最终实现了大的目标，实现了自己的人生价值。

很多人对于大卫·赛德勒这个名字可能会很陌生，但对于电影《国王的演讲》应该有深刻的印象，不错，大卫·赛德勒就是这部电影的编剧，并凭借此电影获得奥斯卡最佳原创编剧奖，成为好莱坞的抢手货。

赛德勒出生在英国首都伦敦。小时候，他有一些口吃，因此性格非常孤僻，在公众场合很少说话。赛德勒幼年时，因为躲避"二战"，举家迁往纽约。每天，父母都会通过收听广播，了解战事。乖巧懂事的他坐在桌子的一旁，似懂非懂地聆听着追踪报道。

一天，电台在播报愈演愈烈的"二战"，但这次增添了不同于往常的内容。一种铿锵有力的声音，霎时响彻每个人的心底，那是乔治六世在号召英国人民奋起抵抗纳粹的精彩演说。因为感受到希望，父亲高兴得手舞足蹈，母亲在一旁郑重其事地说："我们的国王乔治六世曾经和你一样有口吃病症，但今天，他的演说太精彩了……"

说者无心，听者有意。自那以后，赛德勒开始认真地接受口吃治疗，拼命地练习发音。有时，甚至为了某一重音，会耗上几个小时。但他始终坚信，他可以和乔治国王一样，靠毅力矫正口吃，并当众演讲。

一天、一月、一年……其间，每次小小的成功，都会让他喜悦到极致，让他战胜口吃的信心更加强大起来。就这样一次次地积累下来，在成功体验的不断激励下，直至16岁，赛德勒的口吃病终于得以治愈，但年少的他已经知晓：不管做什么事情，只要善于在一次次小的成功中积累体验，那么就会拥有取之不竭的正能量。

正是在一次次小的成功体验的基础上，赛德勒建立了强大的自信，一步步战胜了口吃，并最终成为著名的编剧。所以，想要内心正能量源源不竭，就必须不断地让自己积累小的成功体验，不断地滋养自信心。

有道是不积小流无以成江海，小的成功体验，积累多了，也会不断滋润我们的信心，使我们的内心更加强大。当我们遭遇逆境时，千万不要忽视小事情,当我们将小事情做好、做精,享受到成功的喜悦之情,日积月累下来,是一股强大的正能量,可以推动我们不断前进,走出困境!

不断完善自我,向成功发起持续冲击

很多人之所以做不出什么像样的成就,不是因为这些人没有才华,而是因为他们不懂得在生活和工作中总结失败的经验,在此基础上超越自己,提升自己。这些人面对失败的时候,总是灰心丧气,或者盲目否定,以至于自身能力总是很难得到提升,错失了汇聚正能量的大好机会,渐渐地就会跟不上时代的脚步,最终被潮流所淘汰。

完善自我,首先要做的是了解自己的缺点。假如一个人连自己身上有什么缺点都不知道的话,又谈何完善。

大家都知道,要想写得一手好文章,必须要有深厚的文化底蕴才行。北大教授林语堂学贯中西,是著名的语言学家、文学家和哲学家。其实林语堂最初有一个很大的缺点——国学底子并不厚实。因为他的中学就读于厦门寻源书院,是一所基督教所办的教会学校,虽然各项条件优越,但是却不让学生看中国戏剧和书籍,学校觉得这些会妨碍学生们接近上帝。

最初林语堂的脑子里只知道一些西方的神话故事以及基督教教义,

并且在潜意识里觉得假如自己走近舞台听盲人讲梁山伯和祝英台的爱情故事，是一件不可饶恕的事情，对不起上帝的厚爱。所以，林语堂20岁就知道古犹太国约书亚将军吹倒耶利哥城墙的故事，知道了耶和华令太阳停步以使约书亚杀尽迦南人，但却直到30多岁才了解哭倒了长城的孟姜女以及射落了太阳的后羿和奔向月亮的嫦娥。

后来林语堂发现了自己的这个缺点，他没有遮掩，没有粉饰，而是正视现状，把精力转移到了国学的研习上，终身向学，渐积渐厚。正是有了这种改变，他最终才能成为大家，敢于自称"两脚踏东西文化，一心评宇宙文章"。

想一想，假如林语堂当初不能正视自己身上的缺点，安心研习国学，那么后来还会有学贯中西的大家产生吗？其实，正视并接受自己的缺点，不仅能使自己轻装前进、不断提高，还能让自己对他人的缺点多一分理解与宽容，学会如何用更达观的心态去对待世界和人生。

不断完善自己，还要求我们在面对挫折和失败的时候，学会从中总结出失败的教训，不断积累经验，如此我们才能越来越好，不断地向成功发起冲击。

失败并不可怕，可怕的是不知道失败的宝贵之处，不懂得从中总结经验教训，看到自己的不足，从而采取切实的行动，不断地完善自我，丰富自我。爱迪生不断在失败中总结经验教训，不断地完善自我，才有了最终的无数发明创造，才为人类带来了永恒的光明。我们也应该这样，在生活中，不断地在失败中总结经验教训，不断地完善自我，才能让自己浑身充满正能量，不断地向成功发起冲击。

在很多时候，人生中最大的敌人不是别人，而是我们自己。想要在生活中不断地完善自我，获得成功的青睐，就必须认清自己的缺点，不断地在失败中总结经验，跌倒了再爬起来，不断冲向前方，终有一日我们会叩开成功的大门。

第八章
珍惜现在，品味过去，期待未来

对我们而言过去再美好也不能回转，未来再期待也不能掌握在手中，我们能够真切感受并掌握的只有现在。珍惜现在，过去才更有意义，未来才更值得期待。假如失去了现在，虚度了光阴，那么人生就没有未来，生命也会失去色彩。

活在当下，珍惜每一天

在生活中，有些人多愁善感喜欢为过去的事情懊悔，有些人则杞人忧天习惯为将来的事情担忧。其实，这些做法不仅不会帮助自己改变过去与未来，还会使自己陷入懒惰与悲观的状态中，让自己失去把握现在的机会。纵观各行各业的成功人士，都把活在当下作为人生的准则，立足现实，将每一个"今天"都当成新的开始，从不虚度光阴，才有了今天让人羡慕的成就。

北大中文系毕业的著名作家刘震云写过一本小说《一句顶一万句》，这本小说最后提炼出的那句能够顶一万句的话就是：人活的不是过去，人活的只是现在。仔细揣摩一下，刘震云其实就是教我们活在当下，珍惜现在，他也在作品中宣传着这种生活态度。

作家的思想是睿智的，值得我们为之深思。但是现在这个纷繁芜杂的世界中，很多人不懂得这个道理，总是习惯把阳光投到过去，或者渴望将来，却从来不知道珍惜当下，不懂得努力奋斗，所以他们的人生总是失败，总会被灰暗的色彩包裹。

著名演员威尔·史密斯曾经出演过一部名为《当幸福来敲门》的电影，他在里面扮演了一位倒霉的男主角，提着永远也卖不出去的医疗器械四处奔波。他没有自己的房子，没有什么从业经验，没有受过大学教育，也没有什么人际关系。但是他却始终能够活在当下，面对挫折从来没有放弃过自己的梦想。他能着眼于当下，穿着布满油漆点的衣服应聘，凭借着对数字的单纯喜爱和追求到底的韧劲，终于获得证券经纪公司的实习职位，又借助这个机会，创办了自己的公司，成了百万富翁。

《当幸福来敲门》所揭示的正是活在当下的生活哲理，在这个世界上没有一夜成功的秘诀，主人公之所以能够成功，正在于他能够立足当下，从现在开始。假如你愿意，珍惜现在，立足现在，那么你也能够做到，也能够成功。

大卫·葛雷森曾经说过："我相信，现在未能把握的生命是没有把握的，现在未能享受的生命是无法享受的，而现在未能明智地度过的生命是难以过得明智的。因为过去的已去，而无人得知未来。"是啊，在现实的世界中，既没有时空飞船，也没有月光宝盒，所以，空谈过去与妄想未来都是没有实际意义的。我们生活在今天，生活在可以把握的这一刻。因此，每个人都应该将"活在当下"铭记于心。

个人只有认真地活在当下，才能全身心地投入到生活中，享受最真切的美好。也只有认真地活在当下，才可以不被过去拖住后腿，不被未来挡住去路，将生命中全部的能量都集中在这一时刻，使生命因此发挥最强大的力量。如果你已经认识到生活在当下的意义，那么，对你来说每一天都将是崭新生命的开始。

众所周知，依文斯工业公司是美国华尔街上生命力最顽强的公司。但不为人知的是，这家公司的创始人爱德华·依文斯却曾经因为绝望而想要放弃自己的生命。

爱德华·依文斯生长在一个贫苦的家庭里，起先靠卖报来赚钱，然后在一家杂货店当店员。8年之后，他才鼓起勇气开始自己的事业。然后，厄运降临了——他替一个朋友背负了一张面额很大的支票，而那个朋友破产了，祸不单行。不久，那家存着他全部财产的大银行垮了，他不但损失了所有的钱，还负债16万美元。他经受不住这样的打击，开始生起奇怪的病来：有一天，他走在路上的时候，昏倒在路边，以后就再也不能走路了。最后医生告诉他，他只有两个星期好活了。想着只有几天好活了，他突然感觉到了生命是那么的宝贵。于是，他放松了下来，好好把握着自己的每一天。

后来，喜欢捉弄依文斯的命运终于被他感动了。在6个星期后，他的病完全好了，他又可以健康快乐地去工作了。在经过了这场考验之后，依文斯明白了一个人的未来幸福与否，全都掌握在今天的自己手中的道理。后来，依文斯认真且努力地度过人生中每一个"现在"，他的未来也都是在幸福与充实中度过的。

当你有了活在当下的勇气之后，苦难与挫折都会显得微不足道；当你有了活在当下的气魄之后，胜利与希望就会向你招手。我们每个人都想要生活得幸福、快乐，但是，在寻找这些美好事物的时候，我们不是左顾右盼，就是瞻前顾后。可事实上，最美好的事物就在我们脚下，只要我们低下头，认真地寻找你就会发现。

一个人把每一天都当作最后一天来过，生命才会显得富有意义。如果我们能够抓住每一分每一秒，释放出我们的热情和潜力去奋斗，去感受，那么幸福和快乐就会围绕在我们身边，成功也就在不远处向我们招手了。

不要过多沉溺过去幻想未来

有句话说得好——即使明天是世界末日，我也要栽种我的小苹果树。对我们而言，未来是无法预知的，我们唯一能把握住的是现在的分分秒秒。所以，聪明的人都懂得珍惜现在，把握今天。我们何必每天忧心忡忡地操心未来是什么样的，先做好眼前的事情才是最重要的，要知道假如连眼前之事都做不好，等来再多的明天又有什么用呢？

现代散文家、诗人朱自清先生，非常珍惜时间，珍视现实生活。他在文章中满怀深情地这样写道："燕子去了，有再来的时候；杨柳枯了，有再青的时候；桃花谢了，有再开的时候。但是，聪明的你告诉我，我们的日子为什么一去不复返呢？——是有人偷了他们罢：那是谁？又藏在何处呢？是他们自己逃走了罢，现在又到了哪里呢？从此我不再仰脸看青天，不再低头看白水，只谨慎着我双双的脚步，我要一步一步踏在泥土上，打上深深的脚印！"

"不再仰脸看青天，不再低头看白水，只谨慎着我的脚步，我要一步一步踏在泥土上，打上深深的脚印！"朱自清先生的这句话中蕴含的生活哲学是多么的深厚啊，过好现在，一步一个脚印地走下去，不需要将所谓的幸福寄托于缥缈的未来。

生活中，我们每个人都要明白这样的道理：现在对我们才是最重要的，再幸福的未来也要以现在为根基，过不好现在，那么未来只能是一片不可触及的幻象。

有一位哲学家为寻找灵感，决定进行一次长途旅行，在经过一片荒漠时，哲学家看到很久以前的一座城池的废墟。岁月已经让这个城池显得满目沧桑了，但仔细地看却依然能辨析出昔日辉煌时的风采。哲学家想在此休息一下，就随手搬过一个石雕坐下来。

哲学家点燃一支烟，面对着被历史淘汰下来的城垣，想象着曾经发生过的故事，不由得感叹了一声。忽然，他听到有人说："先生，你感叹什么呀？"哲学家朝四周望了望，周围没有一个人啊，奇怪了，那声音是从哪里来的？哲学家疑惑起来。这时刚才呼喊他的那声音又响起来，哲学家低头一看，原来是来自自己屁股下的那个石雕，原来那是一尊"双面神"像。

哲学家此前只听说过双面神，但没有见过，所以就好奇地问双面神："你为什么会有两副面孔呢？"双面神回答说："有了两副面孔，我才能一面察看过去，牢牢汲取曾经的教训。另一面又可以瞻望未来，去憧憬无限美好的明天。"哲学家说："过去的只能是现在的逝去，再也无法留住，而未来又是现在的延续，是你现在无法得到的。你不把现在放在眼里，即使你能对过去了如指掌，对未来洞察先知，又有什么具体的实在意义呢？"

双面神听了哲学家的话，不由得痛哭起来，他说："先生啊，听了你的话，我才明白，我今天落得如此下场的根源。"哲学家问："为什么？"

双面神说："很久以前，我驻守这座城时，自诩能够一面察看过去，一面又能瞻望未来，却唯独没有好好地把握住现在，结果，这座城池便被敌人攻陷了，美丽的辉煌都成了过眼云烟，我也被人们唾骂而弃于废墟中了。"

人们常说，拥有时不知珍惜，失去时才倍觉可贵，说的就是这个道理。事实上，只有现在才是实实在在的，可是我们就有好多人不知道这个道理，总喜欢对过去的成绩津津乐道，打算着明天该做什么，很少珍惜今天，让好时光白白溜走。

把握现在，珍惜拥有，就要珍惜时间。不让时间一分一秒从自己手中溜走，须知"盛年不重来，一日难再晨"，让每一分每一秒都有价值，抓住了时间，也就抓住了机会。把握现在，珍惜拥有，就要立刻行动起来。只有行动才会让现在创造价值。守株待兔只是一厢情愿，亡羊补牢为时已晚，只有行动起来才能决定你人生的价值。

有一天，师父带着徒弟，提着灯笼在黑夜里行走。徒弟问师父：

"什么是前世？什么又是来生？我们怎么抓住它们？"此时，正好一阵风吹过来，灯灭了。师父说："当一切变成黑暗，后面的路和前面的路都看不见了，这就如同前世今生，不要指望能抓住它们。我们能做的是什么？是看脚下，看今生。"

是的，无论何时，我们应该把握现在的时光，而不是过去和将来，因为现在是将来的过去，也是过去的将来。如果我们不能牢牢地把握现在，我们就也将失去过去和未来了，昨天已经悄然逝去，今天就在眼前，而明天多么深不可测，所以，我们要把握好眼前的今天，走出困境，让你的未来比过去更美。

有的人总是留恋过去的美好，沉溺于过去的辉煌中不能自拔；有的人总喜欢将机会放在明天，幻想未来如何美好，遇到什么事总是说："明天再说吧，从明天开始我就如何如何……"竟忘了"千里之行始于足下"的古训，岂不知明日复明日，明日何其多，倒是要从哪一个明日开始呢？等到万事成蹉跎，什么也都晚了。

简单生活是摆脱烦恼的"良药"

生命有时就如一场雨，看似美丽，但更多时候，你得忍受那些寒冷和潮湿，那些无奈与寂寞，并且以晴日的幻想度日，当没有阳光时，你自己就是阳光，没有快乐时，你自己就是快乐，当你充满烦恼时，你自己就是可以摆脱烦恼的工具。生活是简单地为生而活，烦恼务求其速去，享受也不会久留，唯有自己可以化繁为简，化简为零。

其实你首先要问问自己是否真的想要活得简单而快乐，而并不是一味强制自己一定要达成某个目标一样去完成它。每个人或多或少都会有烦恼，关键在于你怎么看待这些问题。或者你用什么样的途径去抒发内心的不快和矛盾。不要钻牛角尖，想问题也一样，心态放平，也会有不一样的感触。

小和尚总是想着练完功然后就去玩，如果玩的话就有可能被师父发现贪玩就要挨骂，可他又不可能不玩。于是就为了这玩与不玩，产生了疑惑，在学禅的时候想着玩什么，在玩的时候又想着万一师父发现他不努力怎么办。到了后来，他发现自己竟然没办法学禅也没办法玩了，成天愁眉苦脸的。最后他只好将事情的原委告诉了老禅师，希望他能给自己一个好的意见。

而老禅师听完之后，便决定给小和尚讲一个故事：有一天黄昏，庄周一个人来到城外的草地上，沐浴着阳光，感受着大地的自然气息。于是他索性躺在了草地上。他突然感觉身心轻松，于是感叹自己很久都没有这样放松了，过去的自己一直被迫在痛苦中生活，因为没有人能够真正了解他。而现在他感觉很快乐，于是他强迫自己摒除杂念，只是专心仰天躺在草地上，闻着青草和泥土的芳香，尽情地享受着，不去想别的烦恼的事情，完全沉浸在自己的生活状态中。

他怡然地躺了一会儿，不知不觉地睡着了。很快，他做了一个梦，在梦中，他变成了一只蝴蝶，身上色彩斑斓，在花丛中快乐地飞舞。上有蓝天白云，下有金色的土地，还有和煦的春风吹拂着柳絮，花儿争奇斗艳，湖水荡漾着阵阵涟漪……他沉浸在这种美妙的梦境中，完全忘记了自己。

突然，他醒了过来，完全不能区分现实和梦境。当他认识到这只是一个梦的时候，他说："庄周还是庄周，蝴蝶还是蝴蝶。"很长时间以后，他终于幡然醒悟：原来那舞动着绚丽的羽翅、翩翩起舞的蝶儿就是他自己。然而现在他还是原来的庄周，和原来没有任何的变化，只不过他的心态和原来不一样了。享受那片刻的梦境，对他来说也是一种莫大的幸福。

禅师说："一只小小的蝴蝶飞入了庄周的心。这样的小事也能让他快乐，还有什么事能让他忧愁呢？"小和尚听完禅师的话，终于明白了快乐的道理，原来只要将复杂的事情变成小事，就可以让自己的心情快乐起来。玩或者不玩，只要心态变成享受的，就会从玩或者学禅中得到乐趣。

世上万事万物，都应该由他本应操心的人去操心。什么时候玩乐，不是我们操心的，而是随性的，随心情的；学习，也不是我们操心的，而是随进步的，随追求的。我们只要操心于自己本职的事，做了自己应当做的事，做了顺应天道的事，就会觉得自然简单，否则那就是"千般计较，百种须索"了。正如小和尚将玩与学禅想得太复杂了，所以就缠住了自己的心绪，造成了烦恼的产生。而庄周，只不过是将自己的疑惑想得简单，给予自己怀疑的肯定答案，便得到了最初的快乐。生活中的人，也是这样，摆脱看起来错综复杂的事物关系，将其想成最自然原始的事情，就会生活得简单而快乐。

然而，越简单的道理，越是难以去实践。有言说："一个人做好事不难，难的是一辈子做好事。"的确如此，一个人做他应当做的事，生活得简单，不难，但是他要想到一辈子都是这样那就难了。因为生活于周围的人不一定是如此简单的，而人的生存是不可能脱离社会的，而且人与人的思维并不是一样的。

白居易也是喜爱禅理的人，晚年自号曰"香山居士"，每天便在家修行佛法。而他在杭州做太守的时候，就在他的辖地上有一位出名的禅师，人称鸟巢禅师，因为这位禅师自参悟禅理后，就一直在寺院外的树上住着，因为佛法高，连鸟儿也不怕他，也在他的巢里住着，白居易自是与他关系甚好。

有一次，白居易慕名去拜访鸟巢禅师，向他讨问佛法的旨意。他们谈了很久。在临去的时候，白居易说："禅师，我要走了，请问大师还有什么要教诲我的吗？"禅师只是说："不做恶事，多做善事。"

白居易听了之后有些失望了，自己和他谈了这么久高深的佛法，怎么临去的时候却跟我讲这么简单的道理。于是白居易就说："大师，不做恶事，多做善事，这个三岁小孩也会啊。哪是什么得道的高深道理呢？"

禅师说："虽是三岁小孩都懂，可80岁的老人能做到吗？太守你自己又做得怎么样了呢？"

白居易大悟，这世上的道理，不是要说得有多么深奥，而是做不做得到。这么简单的生活方式，却因为各种各样的事情所妨碍。而人呢，总是不喜欢简单，而把自己坠入复杂的生活中，自然烦恼多了。

人们总是幻想着更加美好的生活，并用千般想法去折磨自己，告诉自己会有一天能够变成现实的。有的人想中个大彩，一夜暴富；有的人有几分姿色，会唱几首歌，就想一夜成名，走上星光大道；有的觊觎着自己上面的位置，千方百计钻营权术；有的虽也老实地过着百姓的日子，却左比公婆，右比儿女，今天争执于翻过围墙来的丝瓜，明天计较于多占的楼道……将一身的聪明付诸这些不值得计较的事情中，让自己不得安心。

其实，生活，说到底，无非就是饿了就吃，困了就睡，就是顺应本心，顺应天道。可做应当做的事，这话看似简单，但谁能明白地知道在当下自己应当做什么事呢？图名、图财、图官，计较小利，当真正失去心里的这个位置的时候，才感叹说，做一个简单的人真好。做简单很简单，只要按照自己的心生活。

再大的成功也会烟消云散

生活中，我们总是会遇到这么一种人：他们总是喜欢说起过去的辉煌，过去的成功，让人觉得缺少谦虚的精神，喜欢卖弄和炫耀。过去的已经过去了，又何必念念不忘，总是挂在嘴边给人留下不谦虚的坏印象呢？聪明的人都懂得隐藏过去，哪怕再辉煌，也不会轻易炫耀，因为他们知道，再大的成功也会过去，没有什么值得炫耀的地方。

有个人，总是喜欢将自己过去的辉煌拿出来炫耀，说自己在某年曾经率队获得过市篮球比赛第一名，某年在部队服役的时候曾经立过个人三等功，转业地方之后年年先进……渐渐地，周围的人开始疏远他，同事也刻意地和他保持距离，他的工作越来越难做，那一年，他竟然没有被评上先进。

他很苦恼，上山找一位高僧诉说自己的愁苦。高僧听了之后笑笑说："你一味炫耀过去的成功，缺少谦虚的品格，所以周围的人才疏远你。要知道过去再美好、再辉煌，都已经过去了，为什么还要拿出来炫耀呢？人生最重要的是现在啊！"

他听了之后如梦初醒，大叹之前自己的愚蠢，发誓自此以后定要谦虚为人，虚心求教。

不管曾经多么辉煌，也已经成为过去，也就没有什么值得炫耀的价值了。总是习惯炫耀过去的人，很容易被周围的人疏远，被社会孤立，在生活和事业上陷入困境之中。聪明的人会知道，昔日荣耀已是黄花，今日现状才是最值得我们珍惜的。

巴西球队是世界上唯一一支 5 次获得世界杯冠军的球队。此外，巴西队还获得 2 次亚军，2 次第三，1 次第四，是世界杯历史上成绩最好的球队。至 1998 年，巴西队共 6 次打入世界杯决赛，与德国队持平。

1950年，巴西队首次举办世界杯，这是巴西举办的唯一一届。在这届比赛中，巴西队一路顺风打入决赛，但在决赛中却意外地以1∶2负于乌拉圭队。1954年，巴西的男女老少几乎一致地认为，巴西足球队定能荣获世界杯赛的冠军。然而，天有不测风云，足球的魅力就在于难以预测。在半决赛时，巴西队意外地输给了法国队，没能将那个金灿灿的奖杯带回巴西。

　　球员们比任何人都更明白，足球是巴西的国魂。他们懊悔至极，感到无颜去见家乡父老。他们知道，球迷们的辱骂、嘲笑和扔汽水瓶子是难以避免的。

　　当飞机进入巴西领空之后，球员们更加心神不安，如坐针毡。可是当飞机降落在首都机场的时候，映入他们眼帘的却是另一种景象：巴西总统和两万多名球迷默默地站在机场，人群中有两条横幅格外醒目：

　　"失败了也要昂首挺胸！"

　　"这也会过去！"

　　球员们顿时泪流满面。总统和球迷都没有讲话，默默地目送球员们离开了机场。

　　球员们对"失败了也要昂首挺胸"的理解是比较深刻的，可相比之下，对"这也会过去"的理解却不够透彻⋯⋯

　　4年后的1958年，巴西足球队不负众望地在瑞典赢得了世界杯的冠军。回国时，巴西足球队的专机一进入国境，16架喷气式战斗机立即为之护航。当飞机降落在道加勒机场时，聚集在机场上的欢迎者多达3万人。在从机场到首都广场的道路两旁，自动聚集起来的人群超过了100万。这是多么宏大的激动人心的场面！

人群中也有两条横幅格外醒目：

"胜利了要谦虚，更要勇往直前！"

"这也会过去！"

成功仅代表过去，如果一个人沉迷于以往成功的回忆里，处处以过去为荣，炫耀过去的辉煌，却不能谦虚地活在当下，那就永远不能进步。要想不断进步，就要拥有谦虚的心态，就要重新开始。正如有人所说的，第一次成功相对比较容易，第二次却不容易了，原因是不能归零。只有把成功忘掉，心态归零，才能面对新的挑战。

生命轨迹，从已经拥有的开始

人生在世，草木一秋。生命其实是这个世界上最珍贵的。拥有生命，才会拥有快乐与伤心的编织；拥有生命，才会拥有泪水与希望的交错；拥有生命，才会拥有痛苦与欢乐的酸楚；拥有生命，才会拥有成功与失败的坎坷；拥有生命，才会拥有为生命迸射出的一个个跃动的音符。用心灵去聆听，关注生活中的一切，便会发现，生活的每一个瞬间都孕育着生命的气息。生命的轨迹从你已经拥有的开始。

现在有许多人,都只会一味地放弃生命,而不想在生命中得到宝贵的人生经历,不去看生命中的美妙篇章。还有些人一味地去打击生命,让生命慢慢丧失能力,而有的一些人荒废生命。我们应该知道生命的轨迹要从已经拥有的开始,要学会从生命的源头把那对生命的执着给找回来,不让它再从我们的生命中离去,而要让它充满对生活的憧憬,那才是真正生命的开始。

凡人对大师说:"我像你一样勤奋努力,也像你一样执着追求,然而我依然是个凡人,而你却成了大师,这是为什么?"大师没有正面回答,而是给他出了一个题目:"假如现在横亘在你我之间是一条河流,你怎样跨越?"凡人回答道:"第一条路径,如果有座桥,我就直接过桥跨越;第二条路径,如果有渡船,我就乘船跨越;第三条路径,如果我会游泳,我就游泳跨越。"大师说道:"你第一条路径过河,是依靠别人造的桥过河,不能算你完成了跨越。你第二条路径过河,是依靠别人造的船过河,也不能算你完成了跨越。你第三条路径过河,只能说明你凭借自己的资质偶尔从此岸到了彼岸,假如大雨滂沱或大雪纷飞,你还能游泳过河吗?所以也不能算你彻底地完成了跨越。"

凡人听了大师的话,若有所思地说:"不过还有一条很难的路径,就是我亲自造座桥跨越,但我没有造桥的本领。尊敬的大师,看来我是无法跨越这条河流了。"这时大师微笑着对他说:"你是个聪明人,你知道造桥既能实现你跨越的追求,也能成全别人过河的愿望,但你却因为难而不为，现在我告诉你，凡人与大师的区别就在这里。"

当每个人执着于寻找人生的各种出路时，却没有发现其实出路其实就在我们附近。如果不肯正视，不肯面对，不肯有勇气去实践甚至是实验，那么所有的路途都是堵塞的，人生的轨迹就会出现偏离、停滞不前的状态。如果可以拥有光明正大之心，去完善他人、完善生命，甚至去完善你可以完善的一切事情，那么自我也在不断地被完善之中，人生的轨迹自然会向前发展。所以，请从你已经拥有的开始吧，人生之路就在脚下，而轨迹也就在此时慢慢延展。

杯子说："我寂寞，我需要水，给我点水吧。"主人看着杯子的样子，心生怜悯，于是就给它倒了些水，说道："好吧，拥有了你想要的水，就不寂寞了吗？"杯子突然就开心了，说道："应该是吧。"主人把开水倒进了杯子里。水很热。杯子感到自己快被融化了，杯子想，这就是生命的力量吧。水变温了，杯子感觉很舒服，杯子想，这就是生活的感觉吧。水变凉了，杯子害怕了，怕什么它也不知道，杯子想，这就是失去的滋味吧。水凉透了，杯子绝望了，也许这就是缘分的杰作吧。杯子觉得自己快要被水冰透了，于是就请求主人，说："快把水倒出去，我不需要了。"

可是这时候主人不在，没有人搭理它。杯子感觉自己压抑死了，可恶的水，冰凉的，放在心里，感觉好难受。杯子终于忍不住，奋力一晃，水终于走出了杯子的心里，杯子好开心，突然，杯子掉在了地上。

杯子碎了。临死前，它看见它心里的每一个地方都有水的痕迹，那时它才知道，有了水的陪伴才有了生活的滋味。可是，它再也无法完整地把水放在心里了。杯子哭了，它的眼泪和水融在了一起。

　　杯子就好比是我们的一生，而水就是我们人生中的所见、所遇、所拥有。我们人生的道路有着千百条，它们纵横交错，结果又都是不完全相同，但有一点应该是一致的，不管你选择的是怎样的羊肠小道，还是前途明朗的阳关大道，都需要好好地把握自己生命的轨迹，在未来的白纸上写下我们今生不悔的篇章，而不是在我们年老的时候只能是深深的懊悔。

　　所以，我们能做的仅仅就是珍惜我们所拥有所得到的东西，将之视之我们人生的珍宝。

与其临渊羡鱼，不如退而结网

　　有句话说得好：和自己赛跑，不要和别人计较。仔细品味这句话，对我们的启发很大，每个人都有自己的生活，人生是自己的人生，又何必与别人比来比去呢？要知道富丽堂皇的宫殿中也会有人悲恸哭泣，茅屋中同样也存在着欢声笑语。

　　李菲单位的女同事很多人都嫁了有钱的老公，她们住着很大的房子，虽然每月工资那么点儿，但是却开着几十万的小车上班。李菲非常羡慕她们的生活，羡慕她们可以四处旅游，可以在面对那些价格昂贵的衣服时眼睛眨也不眨地就买下。这样想着，李菲就觉得自己老公非常窝囊，没什么本事，不能给自己富足的生活。所以李菲对自己的老公不是抱怨就是无理吵闹。最终李菲和老公离了婚，舍弃了孩子和老公，找了一个有钱的富人一起生活。

李菲终于和周围那些有钱的女同事一样了，但是有了钱以后，她却发现有钱人的日子并没有给她带来多久的幸福和满足。最初的日子，李菲因为可以买漂亮衣服不需要考虑价格而窃喜，因为住上了大房子开上了名车而倍感快乐，因为可以心安理得地享受各式各样的优质服务而感到幸福。但是这样的日子持续了仅仅半年，她就觉得空虚起来了。

富人虽然钱很多，但陪她的时间却很少，每天都在飞机上，东西南北地奔波，根本没时间照顾她，更别提跟她说什么悄悄话了。而且他身边总是围绕着形形色色的女人，这让李菲总是缺少安全感。她常常是一个人守着一个空空的大房子，渐渐地觉得，这样一个人的日子即便再有钱又有什么意思？于是李菲开始想念从前的生活，一家三口相依相守，其乐融融，虽然平淡，却很充实幸福。

其实生活中，让我们疲惫的往往不是道路的遥远，而是心中的郁闷；让我们颓废的往往不是前途的坎坷，而是自信心的丧失；让我们痛苦的往往不是生活的平淡不幸，而是不懂得珍惜当下，总是和别人比较……就如李菲一样，不懂得珍惜，在失去之后才发现之前的美好，将是人生中最大的遗憾。

所以,生活中,我们要学会珍惜当下,要把眼光多放在自己的生活上,不要处处和周围的人攀比。懂得欣赏自己的生活,才能让自己生活得随心所欲,这样我们就会轻松许多,也更容易在生活中找到幸福的入口。

人生如戏,需要你忘我演出

人生如戏,戏如人生。人行走于世间,或长或短,或悲或喜,或高亢或低沉,或迅捷或迟缓,就是一台台内容不同、风格迥异的人生悲喜剧。但无论是什么戏,都无法掩盖人生独特的光辉,消弭它存在的价值。你是社会大舞台上的一员,你就是一个大写的"人"。也许,你是别人眼中的主角;也许,你是别人眼中的配角,但你,永远应该是自己眼中的主角。

人间没有完全相同的剧种,世上没有完全相同的人。人间因不同的戏曲而丰富了我们的生活,世上因独具个性的人而丰富了文明的社会。我们不能因自己是一株参天大树而骄傲自满,也不能因自己是一株小草而妄自菲薄。面对生活、面对学习,我们应充满自信,笑看风云,昂扬前行。那么,天空将因你而澄净、而高远;世界将因你而丰富、而深刻。你没有宏大的志向,没有汗水的洒落,没有毅力的扶持,戏能演多长，又能有多出采呢？所以，你可以不问有多少人观看，又有多少人喝彩，但至少要问问自己，能否忘我地演出，为自己喝彩？

佛光禅师是一位修为卓著的高僧，修行参禅专心致志，四方僧人禅客纷纷来拜访请教。可是，每当弟子前来通报有人向禅师学道时，他总是反问："谁是禅师？"这种忘我的状态常常让人不知道该说什么。有时候佛光禅师专注禅理，就连吃饭时也不停地在思考。弟子见他手拿碗筷不动，就提醒他："师父，吃饱了吗？"他竟然忘了自己是在吃饭，反问弟子："谁在吃饭？"由此可见，他聚精会神的程度。

农禅是当时修炼的重要方法，佛光禅师身体力行，从不分心。有一次，弟子担心他太累，提醒他："师父，您真是太辛苦了！"佛光禅师却反问道："谁太辛苦了？"

一天，佛光禅师的弟子大智赴外地参学归来，向师父汇报了自己的见闻体会。接着问道："师父，我在外二十年，您生活得怎样？"佛光禅师轻松地答道："好，好，天天诵经修道，说法著书，犹如在广阔的海洋里遨游般心旷神怡。"两人谈到半夜，佛光禅师让大智休息，天亮后再谈。可是到了天亮，大智一醒，却听见师父的阵阵诵读声，看来师父又是通宵达旦。到了白天，佛光禅师更忙，没有一丝空闲，不是接待前来拜佛参禅的禅客，就是在禅房里执笔阅改弟子的习卷和撰述讲稿。大智问道："师父，您二十年来都这么紧张地生活吗？怎么不见您衰老呢？"佛光禅师笑了笑说："大智，我可没有时间想到老啊！"

人生如戏，戏如人生。人各有所长，亦各有所短，生、旦、净、末、丑，需要不同的人去扮演，我们要做的仅仅是找准自己的位置，演好自己的戏。当你上场时，舞台便是你的，主角只有你一人。佛说："一花一世界，一沙一天堂。""舞台便是你的世界，你是世界的中心，你是世界的主宰。"忘我地投入，才有精彩的演出，才有旷世的绝响。忘我地学习，才会有非凡的成就，才会有美好的未来。没有人能随随便便成功，命运总是垂青有准备的人。毕竟，人生无再少，盛年不重来。眼泪，不应是我们的固有专利；后悔，不应是我们的终极选择。

大家都知道著名科学家牛顿每天除抽出少量的时间锻炼身体外，大部分时间是在书房里度过的。一次，在书房中，他一边思考着问题，一边在煮鸡蛋，苦苦地思索，简直使他痴呆。突然，锅里的水沸腾了，赶忙掀锅一看，"啊！"他惊叫起来，锅里煮的却是一块怀表。原来他考虑问题时竟心不在焉地随手把怀表当作鸡蛋放在锅里了。

还有一次，牛顿邀请一位朋友到他家吃午饭。他研究科学入了迷，把这件事忘掉了。他的佣人照例只准备了牛顿个人吃的午饭。临近中午，客人应邀而来，看见牛顿正在埋头计算问题，桌上、床上摆着稿纸、书籍。看到这种情形，客人没有打搅牛顿，见桌上摆着饭菜，以为是给他准备的，便坐下吃了起来。吃完后就悄悄地走了。当牛顿把题计算完了，走到餐桌旁准备吃午饭时，看见盘子里吃过的鸡骨头，恍然大悟地说："我以为我没有吃饭呢，原来我已经吃了。"

这些故事究竟是真是假，并不重要，只不过表明了不管牛顿是一个怎样沉思默想，不修边幅，虚己敛容的人，他对科学极度的专心，总是想着星辰的旋转、宇宙的变化，进入了忘我的境界。他知道人生其实就是一场戏，忘我地演出总会给世人留下印象，而不管是日常生活中的傻子角色还是科学巅峰的领导人物。

生活中，有的人平步青云跌大跤，有的人踏平坎坷成大道，而还有的人平淡庸碌自得乐，他们各自有各自的活法，各自有各自的追求，各自有各自存在的逻辑与哲理。俗话说："人死如灯灭。"这既浅显又蕴含了丰富的哲理。反而说之，人生其实也像是一个正在燃烧的火炬，照亮别人道路的同时，也从中感受到温暖别人的心灵正能量，深刻理解人生哲理的含义，明白人生的真求。

人生无常，如戏如梦，在戏中，有些人一辈子都演喜剧，有些人一辈子都演悲剧，有些人既演喜剧又演悲剧，但这又何妨？只要每一个人努力扮演好自己的角色，那么他一定能够拿到属于自己的"奥斯卡奖"。

美好未来，用心拥抱

未来是美好的，需要我们用心来拥抱。假如我们为了心中的目标，能够全心全意地付出，无怨无悔地奋斗，纵然沿途荆棘遍地，杂草丛生，也改变不了我们对美好未来的期盼。用心拥抱美好未来，需要我们首先学会用心做事。

有一天早晨，住持方丈奕尚禅师刚刚从禅定中醒来，起身向门外走去，就在这个时候，寺里刚好传来阵阵悠扬深沉的钟声，洪亮悠远，似乎整个山谷都跟着摇动起来。禅师闭目凝神倾听，等到洪亮的钟声刚刚结束，就询问站立一旁的弟子道："刚刚敲钟的人是谁？"弟子双手合十，尊敬地回答说："禀告方丈，是一个刚来寺庙不久的小沙弥。"禅师听闻之后点了点头，吩咐弟子立刻把这个小沙弥叫来。

等到小沙弥来了之后，奕尚禅师问他说："你今天早晨是以什么样的心情在敲钟呢？"小沙弥不知道方丈禅师为什么突然想起了自己，更不知道为什么方丈会问这么一个看似奇怪的问题。小沙弥惴惴不安地回道："并没有什么比较特别的心情，只是为了敲钟而敲钟罢了。"禅师道："这不是你的心里话吧？你在敲钟的时候，心里一定在想着别的事情，因为我今天听到的钟声，是非常高贵响亮的声音，只有虔诚的人，才能敲出这种深沉博大的声音。"

小沙弥听闻方丈如此说，于是静下心来想了又想，认真地回答方丈禅师，说："其实我在敲钟的时候想起来您平常的教导，觉得在敲钟的时候应该要想到钟即是佛，必须要虔诚、斋戒，敬钟如佛，用犹如入定的禅心和礼拜之心来敲钟。就是这样而已。"方丈禅师听了之后大喜，他走上前轻拍小沙弥的后背，进一步启发这个小沙弥说："你只要在以后处理事情的时候，一直保持今天早晨敲钟的禅心，那么将来的成就一定不可限量。"

果真，这位用心敲钟的小沙弥因为一直记着方丈禅师的指引，在以后的日子中保持了敲钟的禅心，最终成为一名得道高僧。

可见美好的未来需要用自己的真心来换取，要知道再美好的未来也不会自己走到我们眼前，它需要我们用心做事，不断地拼搏创造。

美好未来，用心拥抱，还需要我们敢想敢做。在很多时候，拥抱美好未来并不像我们想象的那么难，很多事情并不是因为事情太难我们不敢去做，而是因为我们不敢做事情才会变得艰难起来。

人生中的许多事情，只要想到，在立足现实的基础上，其实最终都能做到，只有感想敢做，不犹豫，成功其实就是一个水到渠成的过程。

第九章
远离喧嚣，汇聚情绪正能量

  红尘喧嚣惹人烦，内心宁静，才会看透生活的本质，让人生回归快乐幸福的源泉。很多时候，我们需要静下来梳理一下情绪，看看情绪是不是充满了正能量，能不能给我们的内心充电加油。当我们能够说服自己远离烦恼的时候，我们就能让自己从烦恼中脱身，笑看生命之路上的风云变幻。

顺其自然，让心归于宁静

　　生活中难免会有些磕磕绊绊，有的人会怨天尤人，见人就抱怨，而有的人却是毫不在意，依然笑容满面，该干什么干什么，不会因此受到什么影响。也许有人会嗤之以鼻地说："没心没肺。"可是，换个角度想，没心没肺有什么不好呢？我们无论怎么怨恨叹息，都于事无补，改变不了事实，如果幽怨的时间长了，反而影响我们应该做的事情，造成更大的不幸。不如不把它放在心上，顺其自然，心性豁达，让心灵时时处于快乐轻松之中。

　　三伏天，禅院的草地枯黄了一大片。"快撒点草种子吧，好难看啊！"小和尚说。

　　"等天凉了。"师父挥挥手说："随时。"中秋，师父买了一包草籽，叫小和尚去播种。秋风起，草籽边撒边飘。"不好了！好多种子都被吹飞了！"小和尚喊。"没关系，吹走的多半是空的，撒下去也发不了芽。"师父说："随性。"撒完种子，跟着就飞来几只小鸟啄食。"要命了！种子都被鸟吃了！"小和尚急得直跳脚。"没关系，种子多，吃不完。"师父说:"随遇。"半夜一阵骤雨,小和尚早晨冲进禅房:"师父,这下真完了!好多草籽被雨冲走了!""冲到哪儿,就在哪儿发芽。"师父说:"随缘。"一个星期过去了,原本光秃的地面,居然长出许多青翠的草苗。一些原来没播种的角落,也泛出了绿意。小和尚高兴得直拍手。师父点头:"随喜。"

小和尚的焦躁与喜形于色和师父的把握机缘、顺其自然,形成鲜明的对比,给人留下深刻的印象,其实现实生活中,我们就像是那个小和尚,经常焦躁,患得患失,或者因为一些小小的成功就得意忘形,而能做到师傅那样的豁达确实是非常难得。人这一生不可能总是那么圆圆满满,每个人都注定要碰到一些沟沟坎坎,品尝苦涩与无奈,经历挫折与失意。其实,失意并不可怕,受挫也无须忧伤,只要坚定心中信念,顺其自然,这就是一种人生的豁达和洒脱。

这种洒脱,不是游戏人生,也不是自暴自弃,而是一种思想上的减负,是目光向前的一种人生成熟。有了这种顺其自然的洒脱,才不会终日患得患失,郁郁寡欢,才能在生活中豁达以对,享受生活带给你的一切。明白了这一点,我们才不会对生活、对人生求全责备,不会在失意受挫后彷徨无助,也会在失败失望之时重新找到希望的起点。

有一个人,她的性情并不属于开朗奔放的类型,但是几乎看不到她焦躁忧虑,郁郁寡欢。并不是她一直都是好运亨通,经过长时间的细心观察,就会发现她与众不同的地方:她的钱包丢了,只是自嘲一句"破财免灾",然后开始咨询身份证、银行卡和各种会员卡的补办手续，不见她有多么的愤恨。单位公布的预备党员的名单里明明有她，但是最后却通知她再考察一段时间，她只是发了几句牢骚，下班后就兴致勃勃地向同事学习时尚围巾的织法。这就反映出她的一种思维方式：那就是勇于承认并且接受事实。事实一旦来临，哪怕它再违背心愿，也是事实。大部分人的心理会产生波动抗拒，但是洒脱者，他的关注点马上会绕过这种无益的心理冲突区域，转移到下一步的行动计划上去。事后也的确会发现，发生的不可改变，不如做些弥补措施后立刻转向，而不让这些事情在情绪的波动中扩大它的阴影。

这个聪明的女孩子，接受事实，不让自己纠结在已经发生过的事情上，也不会让自己陷入糟糕的情绪中，始终保持一种快乐的心情，以积极的心态去处理事情，所有的事情都会顺利起来。所以我们总会看到她积极的那一面，这正是我们应该积极追求的品行。

曾经有这样一个故事，一个少年背着一口砂锅前行，不小心绳子断了，砂锅也掉在地上摔碎了，可是少年却头也不回地继续大步前进，路人提醒少年："你不知道你的砂锅碎了吗？"少年回答知道，路人很诧异："那你为什么不回头看看呢？"少年答："已经摔碎了，回头又有何用？"

豁达者往往是很乐观的人。他们遇到不如意的事情，不但会承认并接受事实，摆脱无用的甚至有害的自我纠结，还会趋于保持心境的明亮与稳定。因为他们知道，事实就是事实，即使再惋惜悔恨也于事无补。在痛苦中纠结挣扎浪费时间，还不如重新选定目标，收拾好心情，努力做好接下来的事情，不让这种阴郁的心情影响了所有的事情。

就像那个少年，不为失败而做无谓的自责和叹息，保持平静的心情继续前行。

人生偶有失意在所难免，一直得意容易让人忘形，为失败哀怨，对现实不满也是无用之举，一切当顺其自然，以心宽化解。俗话说："不如意者，十之八九。"如此人生岂不是让人伤透了心，但是人们也常说"好事多磨""比海更宽的是天空，比天空更大的是人的心灵"。生活无论如何磨人，现实无论如何残酷，如何将你挤压，但是你的思想是不受限制的。心灵没有围栏，任你驰骋。

人很善良，往往对别人很宽容、很温柔，却忘了对自己好一点。人常说一句话："没关系。"对别人说过很多没有关系，对于自己却是很吝啬，很少宽容。我们要学会对自己说没关系。没有阳光的日子里，对着阴暗的天空微笑着说"没关系"，失意后，状似洒脱地说一句"没关系"。这么做并不是让你放纵所有的过错，只是苛求自拔，也不是决意忘怀所有的遗憾，只是拒绝沉溺，而是让你顺其自然，让纠结备受煎熬的心灵得到放松，得到平静。

舒缓情绪，开启不焦虑的活法

社会在不断发展和变革，人们的生活观点、态度也随之变化。在这个快节奏、高效率、充满竞争的社会中，人们经常会受到内外环境的强烈影响，出现情绪上的波动，最明显的一种就是焦虑，俨然已经成了我们内心的常客，成了当今社会的文明病。

世人都知道生活要放慢脚步，舒缓情绪，这样才能看清周围美丽的风景，才有利于身心的健康。但是在现实生活中，大多数人虽然明白这样的道理，但是他们的生活却依然匆忙，充满了各种焦虑，怕抓不到机遇，怕失去所有。

张荣今年33岁，大学毕业之后做过很多工作，从办公室文员到图书公司的编辑等，她的梦想是进入广告界，做一个成功的广告人。毕业三年之后，她终于进入了一家比较有名的大广告公司，从创意助理做起，不到两年的时间，就成为创意部的骨干。但是这个时候，她渐渐地发现，这个曾经梦想的工作，却让自己在日复一日的高强度工作中，变得患得患失起来，她开始夜里睡不着觉，脾气也越来越坏，哪怕遇到丁点小事，稍不如意就会发火。

自从进入广告公司之后，张荣所有的时间就分成了两部分——工作和睡觉。工作任务一项接着一项地分配到手中，巨大的压力之下她变得易怒，动不动就会为了一点小事情烦恼。更糟糕的是，她竟然有了健忘的症状，有时候想事情想很久也想不起来，出门总是丢散落四。直到有一天，张荣从公司回家，偶然看到一篇文章，里面满是对"慢生活"的赞美，她突然发现，自己已经陷入快节奏工作带来的焦虑情绪中了。

之后她开始在自己的办公室内养花，开始下班后看之前一直想看而没时间看的书籍，开始漫步街头，看街上来去匆匆的身影，时间久了，她觉得往昔压抑自己的焦虑情绪慢慢稀释掉了，自己的内心开始充盈起淡然的心态。

生活每天都会按照它固定的轨迹前行，舒缓也是一天，焦虑也是一天，为什么我们不去学着舒缓自己的心情呢？当我们从快节奏的工作中突围出来的时候，我们就会发现，那些我们曾经梦寐以求的东西，再也不会让我们焦虑了。

那么生活中的我们，应该怎样去舒缓我们的情绪，让自己远离焦虑呢？

运动是一个好方法。当我们全身心地投入到一项我们喜欢的运动时，得到的不仅仅是身体上的锻炼，还有情绪上的舒缓。即使是短时间的体育运动，也会让我们的内心沉浸在轻松惬意之中。假如能够坚持长期的、有规律的锻炼，比如早跑、晚上散步等，则能更好地舒缓情绪，彻底和焦虑绝缘。

谈话也是一种舒缓情绪的好方法。和亲近的人坐在一起，喝一杯清茶，将心中焦虑的事情说出来，倾听对方宽慰的话语，如此我们内心的焦虑情绪就会彻底地释放出来，整个精神上等压力得以缓解。另外，亲近人的鼓励或者宽慰，会传递给我们巨大的正能量，让我们看到光明和希望，内心变得更加强大起来。

当然，有时间的话，还要多亲近大自然，去自己想去的地方走一走，转一转。大自然博大的胸怀，美丽的风景，会彻底舒缓我们心中的焦虑，舒缓我们的心情，让我们彻底放松下来。

放弃沮丧，快乐是可以被创造的

人是感性动物，不管是谁都不可能随时保持理性，总有遇到沮丧的时候。另一方面，个体的能力毕竟有限，在面对自己改变不了的结果时，那种无力感也会让我们倍感沮丧。生活中，很多人遇到无能为力的事情，都会郁闷叹气，毫无斗志。其实这样根本就不能排除沮丧，解决问题，我们需要的是把我们的沮丧发泄出去，继而创造出真正的快乐正能量。

现今社会中，生活的节奏越来越快，工作中的竞争也越来越激烈，在巨大的压力面前，人们越来越容易变得沮丧，也许是一次小小的失败，就能让我们唉声叹气，消极起来。有研究表明，沮丧的情绪是人们成功之路上的最大绊脚石之一，它总是能够让人半途而废，让自信渐渐流失。沮丧的人，即使自身拥有再大的才能，也不会成功，即使机遇就在眼前，他们也会犹豫。在这些人眼中，再美丽的风景也会变成灰色，再美好的职业也会变得暗淡无光，再甜美的爱情也会失色……在这些人的眼中，世界上的一切都毫无色彩可言，一切都变得那么压抑、消极。

正是因为沮丧有着如此巨大的危害，所以我们在感觉沮丧的时候，要及时地调节心情，尽力让自己的心情变得快乐起来，积极起来。如此我们才能重新找回正能量，拥有一个积极的人生。

当人生遭遇失败甚至是不幸的时候，千万不要沮丧，让自己陷入失败的旋涡中不能自拔。要及时地调节自己的情绪，让自己重拾自信，重拾快乐。这个世界上，不管我们遭遇到什么伤痛，我们也不曾被上帝所遗弃，当我们及时调节情绪，走出沮丧的时候，上帝就会降临在我们身边，让我们的内心充满正能量，跨入成功的门槛。

我们在生活中，感觉沮丧的时候，要怎样及时地调节情绪，让自己快乐起来呢？

首先，要善于从小的成功中寻找快乐。大的目标不可能一蹴而就，我们可以将它分解成一个个小的目标。这些小目标容易实现，能够给我们带来巨大的成就感，从而让我们远离沮丧的情绪，一步步壮大自信。最终，成功的喜悦会扎根在我们心中，生根发芽，激励我们一步步走下去，自此实现大的目标，拥抱更大的快乐。

其次，遇事要多从好的方面思考。失败和挫折会让我们感觉痛苦，换个角度来想，又何尝不是宝贵的经验呢？多想一想自己有利的方面，那么我们沮丧的心情也就稀释了很多，不会再消极悲观了。

再者，多参加一些活动。生活和工作中，多和身边的人交流，多参加一些社交活动，彼此交流生活体会，工作感悟，谈论志趣，常谈理想，如此一来，沮丧的心情自然也就得以排解，快乐也就降临了。

最后，感觉沮丧的时候可以做一些喜欢的运动，或者去大自然中放松一下身心，这样可以释放我们抑郁的心情，让我们的心灵彻底回归正能量的怀抱。

生活中，我们需要学会排解沮丧的心情，让正能量永驻心间。如此我们的人生才会变得更加积极主动，才会更加幸福。

悲伤会让身体里的负能量越积越多

悲伤是我们在生活中经常遇到的情绪，当我们遭受不公平待遇或者遭遇挫折失败之时，内心就会变得悲伤起来。很多时候，适度的悲伤可以释放我们的心理压力，让我们在之后可以轻装上阵，变得更加坚强。但是过度的悲伤却让我们内心充斥着负能量，变成我们前进道路上的包袱，甚至会毁掉我们的人生。

6名煤矿工人，在井下挖煤的时候，遭遇到了事故，矿井的出口被泥沙掩埋了，他们和外界所有的联系渠道都没有了。根据他们常年在井下的工作经验，此时井下的氧气含量只够他们六人呼吸3个小时用的，假如他们在3个小时之内得不到外面的救援，那么就会面临死亡的危险。

大家焦急等待外面的救援，四周一片黑暗，半小时过去了，大家如同等待了一个世纪般漫长。这个时候，一个工人情绪开始崩溃起来，他号啕大哭，悲伤地向四周的工人们倾诉自己不想这么死去，他还想看看自己刚刚出生一周的儿子，给年事已高的父母送终。悲伤的情绪一下子在狭小的黑暗空间中传播开来，最初是一个人的哭声，继而是第二个、第三个人的哭声，不久，每个人都陷入了悲伤的情绪中，为自己陷入绝境而号哭。

两个小时之后，当救援人员挖开工人们被困的坑道时，这几个工人的精神已经几乎崩溃，他们抱成一团，一味地哭泣，让周围的救援人员不知所措。大家都觉得他们一定受伤了，所以才会痛苦，但是当赶来的医生为他们仔细地检查完身体之后，发现他们的身体都很健康，没有任何受伤的痕迹。

几天后，一位获救的工人才将自己当时的心境完整地表达了出来。原来他们被彼此的悲伤情绪所感染，对获救几乎丧失了信心，大家为即将失去的生命哭泣。他们觉得，当时内心压抑，救援人员要是再晚来十分钟，他们就坚持不下去了。其实真实的情况是，当时剩余的空气还够他们坚持足够的时间。

过度的、不理智的悲伤危害巨大，他会让心中积极的能量流逝，让消极的能量占据我们的内心，使得我们丧失前进的动力，甚至是生活的希望。

所以，在生活中，我们要学会远离悲伤，让自己快乐起来。尽管生活不会事事如意，但是我们却能让自己的心灵时刻快乐。悲伤的心灵只会变成一个定时炸弹，成为我们前进路上的巨大危害。远离悲伤，我们的生活才会变得阳光起来。

所以，生活中，我们必须远离悲伤，在失败之后切忌彷徨无助，自怨自艾，要知道长久的悲伤就如同一剂慢性毒药，侵蚀我们原本乐观的内心，让我们的正能量快速流失。

那么我们需要怎么做，才能让悲伤情绪远离我们呢？

极限宣泄法。有些人心里装不下事情，遇到不如意的事情总会大声地哭泣，这其实是一种非常好的宣泄。另外一些人虽然表面上看起来非常坚强，习惯将悲伤储存于内心深处，时间久了，就会给自己的精神背负上沉重的包袱，更加容易让自己陷入精神疾病之中。所以，在感受到悲伤之时，可以大声地哭出来，这样才能将心中悲伤的情绪彻底宣泄出来。

替代表达法。可以尝试将内心的悲伤转化为别的动力，比如可以尝试进行一些运动，如柔道、搏击、攀岩等，在激烈的对抗和挑战极限中宣泄自己的悲伤之情。这种方法可以通过身体上的极限挑战达到精神上放松的效果，为悲伤情绪找到一个宣泄口，继而将悲伤遗忘。

当然，每个人都有适合自己的悲伤消除法，有的人悲伤的时候会唱歌，有的人悲伤的时候习惯独自一个人沿着大街散步，有的人则会看一本喜欢的书，让自己的心灵沉浸在其中……不管什么样的方法，能够让我们重新快乐起来，就是好的方法，就非常值得我们去实践。

学会消除愤怒，给你的心灵减负

生活中，愤怒的情绪像极了一味毒药，让我们内心充满了负能量，甚至失去理智，做出让我们终生悔恨的事情。很多人也了解愤怒的危害，告诫自己遇事要冷静，但是一旦遇到事情，就会瞬间爆发，如同一座喷发的火山，将自己烧掉。

所以，在人生的历程中，学会消除愤怒。聪明的人会尽量控制自己的情绪，让自己远离愤怒。试想一下，假如遇事就愤怒，整日让自己的情绪如同火山般爆发，那么我们的人生还何谈幸福呢？

在古老的希腊，有一名叫爱顿的人，他每次愤怒和人起争执的时候，就以很快的速度跑回家去，绕着自己的房子和土地跑三圈，然后坐在田地边喘气。之后他就非常勤劳地工作，日子久了，他的房子越来越大，土地也越来越广。

直到有一天，爱顿老了，他的房子又太大。他愤怒时依然拄着拐杖绕着土地和房子走，等他好不容易走完三圈太阳都下山了。爱顿独自坐在田边喘气，他的孙子在身边恳求他："您已经年纪大了，不再像从前一样经常生气了，为什么还要绕着土地跑？"

爱顿非常疼爱自己的孙子，禁不起他的一再恳求，终于说出藏在心中多年的秘密。他说："年轻时我一和人吵架，愤怒的情绪就充斥了我的内心，所以我带着愤怒的情绪绕着房子和土地跑三圈，边跑边想，我的房子这么小，土地这么小，我哪有时间去愤怒？于是我将内心的愤怒情绪转化成了工作的力量，将所有时间用来努力工作。"

孙子听了之后好奇地问道："阿公，您现在已经变成最富有的人了，为什么愤怒了还要绕着房子跑？"爱顿笑着说："我现在遇到了愤怒的事情，也会绕着房子跑，但是我有点跑不动了，只能走。边走边想，我的房子这么大，土地这么多，我又何必跟人计较？一想到这儿，心中愤怒的情绪也就烟消云散了。"

很多人都明白愤怒的情绪对身体危害极大，但是遇到事情不愤怒的却没有几个。实际上，遇到那些自己看不过去的事情就愤怒，根本解决不了任何问题，只能让我们自己更加无助。那么我们应该用什么样的方法祛除心中的愤怒情绪，让正能量时刻伴随我们呢？

首先，愤怒的时候尝试站在别人的立场上想问题。很多时候，我们之所以感觉愤怒，是因为别人的话语或者行动侵犯了我们的利益。这个时候，我们如果换个角度，站在别人的立场上重新看问题，也许就会发现自己过于自私了，过于敏感了。如此一来，我们的愤怒情绪也就稀释了。

其次，试着推迟动怒的时间。假如你在某种情况下总是动怒，那么不妨尝试一下，推迟十秒再发怒，下一次再推迟二十秒，以此类推，不断延长发怒的时间，最终你就会完全消除愤怒。

再者，写"愤怒日记"。这是一个消除愤怒的不错方法，每次记下你动怒的确切时间，发怒的地方和事件。之后再阅读一遍，你就会惊醒，每次发怒除了让你做出一些蠢事之外，没有丝毫的意义。

最后，改变心态。常常是虚荣心强、心胸狭窄、感情脆弱、盛气凌人所致，对此，可以用疏导的方法将烦恼与怒气导引到高层次，升华到积极的追求上，以此激励起发愤的行动，达到转化的目的。

综上，当我们需要在愤怒的时候学会消除，给自己的心灵减压，让内心始终处于正能量的笼罩之下，如此，我们的生活才会幸福。

不忌妒，别让你的心态失衡

忌妒心人人有之，轻微的忌妒本无可厚非，甚至能转化为前进的动力，让我们向前的脚步更加有力。但是过度的忌妒则会让我们失去自我，丧失理智，是极其危险的。太强烈的忌妒心犹如一剂毒药，会慢慢侵蚀我们的情感，让我们内心中的正能量流失，继而充满了负能量，最终害人害己。

现实生活中，有一部分人，看到别人的生活环境比自己好，名利双收，抑或学习好，工作出众，就会忌妒起来。这些人不从自身找问题，不去思索为什么别人生活得比自己好，工作比自己出众，而是一味地攀比，偏执地忌妒。如此，原本平静的内心就会失衡，生活也就变得痛苦起来。

有一个人,非常忌妒他的邻居,每次听到邻居家传来的说笑声,他就非常不高兴;邻居家的生活过得越好,他的心就越苦闷。在这种心态下,他整天盼着邻居家碰到什么倒霉的事情,上班的时候迟到,没人在家的时候水管子坏掉,患一场大病,甚至恶毒地希望邻居家6岁的小孩子夭折……

但是,邻居一家每天都生活得非常快乐,并且见面的时候亲切地和他打招呼。他的忌妒心就更加强烈了,有时候甚至想往邻居家扔个手榴弹,把邻居全家都炸死,但是又害怕警察抓住他,丢掉性命。就这样,这个人每天都生活在忌妒中,精神上受着折磨,以至于吃不下什么饭,日渐消瘦。他总想着破坏掉邻居家的幸福气氛,不然的话心中就像堵了一块大石头,憋得浑身难受。

有一天,他终于鼓起了勇气,跑到花圈店买了一个花圈,趁着晚上夜黑的时候,偷偷地放在邻居的家门口。正当他要离开的时候,突然听到邻居家传来哭声,而邻居也正在这个时候走了出来,他闪避不及,心中惶恐不安。出乎他的意料,邻居没有责骂他,反而向他表示了谢意。原来邻居的父亲刚刚去世了,他顿时觉得很无趣,转头默默地离开了。

上面这个故事中的主人公,因为妒忌心强,看不下邻居家的幸福,导致心态失衡,以至于让心灵时刻受着折磨。但是最终的结果是,他不仅没有从妒忌心中获得什么快感,反而更加失落了。

忌妒心强的人,总是喜欢拿别人身上的优点来折磨自己。看着别人生活得幸福美满,他忌妒;别人比他年轻,忌妒;别人风度潇洒,忌妒；别人的妻子漂亮，忌妒；别人有才华，忌妒……有一句外国谚语，很能概括出这种人的心境——好忌妒的人会因为邻居身体发福而越发憔悴。

忌妒是一剂毒药，不仅毒害人的心灵，而且还会伤害到身体。有心理学家研究证实，忌妒心强的人患心脏病的概率会大大增加，而且最终的死亡率也很高；相反，忌妒心少的人，患心脏病的概率明显比较低。除此之外，其他诸如头痛、高血压和胃痛等疾病，也经常在忌妒心强的人身上出现，并且药物治疗的效果往往都不理想。

此外，强烈的忌妒心不管对生活还是工作，都有着非常大的破坏性。它让我们情绪低落，不管做什么事情都不能积极行动；容易让我们偏听偏信，对人对事存在着一种偏见，影响我们做出正确的判断；压制了向有才能人学习的机会，出于忌妒，对真正的才能不屑一顾；影响人际关系，伤害身边的每一个人，限制自己的交际范围，压抑交往的欲望，甚至和曾经的好友反目为仇；影响身心健康，不仅心灵上要受到煎熬，而且身体因为内分泌失调，容易患各种心血管疾病。

专注会让你沸腾的心平静下来

生活中到处充满了机遇与诱惑，每个人总在不停地做出选择，人总是很贪心，总想得到所有好的，做到十全十美，但是孟子云："鱼与熊掌，不可得兼。"只能认准一样，全力去追，才可能登上人生的高峰。

　　一位青年满怀烦恼去找一位智者。因为自从他大学毕业后，曾经是豪情万丈，但是现在依然一事无成。他找到智者时，智者正在禅房里诵经。智者微笑着听完青年的倾诉，对他说："来，你先帮我烧壶开水！"青年看见墙角放着一把极大的水壶，旁边是一个小火灶，可是没发现柴火，于是便出去找。他在外面拾了一些枯枝回来，装满一壶水，放在灶台上，在灶内放了一些柴便烧了起来，可是由于壶太大，装的水太多，那捆柴烧尽了，水也没开。于是他跑出去继续找柴，回来的时候那壶水已经凉得差不多了。这回他学聪明了，没有急于点火，而是再次出去找了些柴，由于柴准备充足，水不一会儿就烧开了。智者忽然问他："如果没有足够的柴，你该怎样把水烧开？"青年想了一会儿，摇了摇头。智者说："如果那样，就把水壶里的水倒掉一些！"青年若有所思地点了点头。智者接着说："你一开始踌躇满志，树立了太多的目标，就像这个大水壶装了太多水一样，而你又没有足够的柴，所以不能把水烧开。要想把水烧开，你或者倒出一些水，或者先去准备柴！"

　　青年恍然大悟。只有删繁就简，从最近的目标开始，才会一步步走向成功。万事挂怀，只会半途而废。

　　其实烧开一壶水并非什么难事，可是为什么那么多的人总是烧不开呢？有太多的人都是烧到六十度就撒手了，还有些人这壶水没有烧开，又跑去烧别的了，这些人本来是很有才华的，完全可以有些作为，看到他们没有把一壶水烧开，真是令人惋惜。烧水的过程大概是最困难的，因为我们不免见异思迁，不免会怀疑乃至动摇，对水是不是可以烧开存在着很深的顾虑，最后甚至认为这壶水也许根本就不值得烧……一个能够把水烧开的人，一定经过了寂寞、艰难和挫折，尤其是烧到60度以后的艰难往往令无数人无功而返。所谓成功人士，无非是把一壶水烧开了而已。

不过，在这个社会中，"生活在别处"的人太多，想要去烧下一壶或者看到别人烧开了也想跟着烧别人的那一壶的太多，真正能够坐得住冷板凳，把自己的专业做到精进的却很少。

一位富有的农场主在巡视仓库的时候，不慎把一块极为昂贵的金表掉到仓库里，他在偌大的仓库中怎么找也找不到。于是召集全村的人来翻找，并许诺找到金表者会得到很多的赏金。但是谷仓里到处都是粮食和大批的稻草，要在这当中寻找一只小小的手表，如同大海捞针。大家把库房翻了个乱七八糟，还是没有找到。天黑了，大家带着失望的表情，拖着疲惫的身子纷纷离开了。只有一个小男孩，还坚持不懈地寻找。夜深了，小男孩在安静下来的仓库中听到了一种极其微弱的"嘀嗒、嘀嗒"的声音，他停下所有的动作，凝神静听，那个声音就更加清晰了。小男孩儿灵机一动，顺着声音，很快就把金表给找到了！

日趋进步的社会，带来日益繁复的各类资讯，甚至连带的人与人之间的关系也变得日趋浮躁，许多人认为想要成功，就得在这些复杂的障碍中清除出一条清晰的道路，方便自己行走。于是热血沸腾地、处心积虑地打通这一条大路。正如故事中众人纷乱地寻找手表一般，将个谷仓折腾得翻天覆地，沸腾不止，终究找不到那块小小的手表。其实想要找到那块手表很简单，只有一条，专注并保持心里的宁静。正如故事中的那个小男孩，专注于寻找手表，不会放弃，在谷仓中，他的心安静下来，集中精力去倾听那一个微弱的声音，最终找到了手表。

小学课本上有一篇文章叫作《小猫钓鱼》，老师总是会问："小花猫为什么没有钓到鱼呢？"小朋友们异口同声地回答："它没有专心去钓鱼，在钓鱼的时候它在玩。"这样一个非常简单的道理，小学生都知道，为什么身为成年人的我们却悟不到呢？我们就像那只小猫，在钓鱼的时候，被那些蝴蝶、蜜蜂、花草所吸引，加之钓鱼要静坐很枯燥，很多人的心浮躁起来，不能专注于钓鱼，最终在别人收获的时候，我们也只有羡慕的份儿。

及时清空心灵的"回收站"

我们都知道，我们居住的房间需要每天都打扫一遍，不然它就会布满灰尘，脏乱不堪。居住在这样的房间，我们不仅会感到很不舒服，而且容易生病。心灵的房间也要经常打扫，不打扫也会积满污垢，蒙尘的心，会变得灰暗迷茫。

我们每天都会经历很多事，开心的，不开心的，都会在心灵里留下痕迹。心里的事情一多，如灰尘一样集聚在心里，心也就跟着乱了。恰如房间堆满了杂物变得杂乱无章，使人心烦意乱，萎靡不振。扫除心中的灰尘，为快乐腾出更多更大的空间，能够使黯然的心变得亮堂，使杂乱的心变得清净，从而告别烦恼。

生活就是这样，心中有清净，才能感受到清净的存在；不断地净化身心，心中的清净才会不断地得到滋养。如果不把污染心灵的腐烂之根一块一块地清除，势必会造成心灵垃圾成堆，而原本纯净无污染的内心世界，亦将变成满满的污水，让你变得更贪婪、更腐朽、更不可救药。只有定期打扫和洗涤自己的思想，才不至于使心灵灰尘满面，才能更好地工作和生活，才能更好地享受工作的快乐和生活的幸福。

在美国NBA职业篮球队中，有天分的篮球队员很多，而真正称得上"飞人"的却只有一人——迈克尔·乔丹。成为迈克尔·乔丹式的人物，是所有美国人的梦想。迈克尔·乔丹加盟芝加哥公牛队后，率队6次获得NBA总冠军，5次赢得最有价值球员的称号。就连总统克林顿也是他的球迷。乔丹两度宣布退役，又两度宣布复出，最终于2003年从华盛顿奇才队退役。据估计，截至2002年，飞人乔丹的财产总数为4亿200万美元。乔丹是美国最伟大的篮球运动员。在乔丹36周岁之前的几个月，他用一次匪夷所思的出手为NBA留下了一道曼妙的曲线，以87比86的比分助芝加哥公牛队反败为胜，并为自己摘得第六枚总冠军戒指。乔丹上高中时，有一天他的教练迪恩·史密斯请他到球员的更衣室，给他看了一盘录像带。那盘录像带改变了迈克尔·乔丹的一生。放完录像带之后，乔丹跟教练说："教练，我非常非常地惭愧。"他说，"我看到自己在进攻的时候全力以赴，都要球员把球传给我，让我来得分。每次得分的时候，我非常地兴奋，可是我发现自己在防守的时候，全部都在浑水摸鱼。从今天开始，我要改变这样一个坏习惯。"

在乔丹还是个不太知名的球员时，一场比赛胜利后，乔丹和同伴正沾沾自喜地分享胜利的喜悦。教练却未露出过多的胜利的笑容，而是把乔丹拉到一旁，严肃地把乔丹批评了一通，其中的一句话使乔丹永铭于心："你是一个优秀的队员，可今天的比赛场上，你发挥得极差，完全没有突破。这不是我想象中的乔丹，你要想在美国篮球队一鸣惊人，必须时刻记住——要学会自我淘汰，淘汰掉昨天的你，淘汰自我满足的你……"

乔丹就是凭借着这位教练的一句话，挺进了芝加哥公牛队。后来成为全美国乃至全世界家喻户晓的"飞人乔丹"。在他的书中这样写道："这个世界上没有所谓完美的篮球运动员。我从来也不相信有一个最伟大的球员。每个人身处不同的时代，我站在前人的肩膀上贡献过我自己的才华。我相信'伟大'是一个时期、一个时期不断进化的过程。"

乔丹是一个善于自省的人，不然他不会发现自己打球时的一个坏习惯，不会去积极努力地改正。教练的一席话，让他去认真审视自己内心存在的负面情绪——"自我满足"，正是这样去不断地清理自己内心中的那些妨碍自己进步的心灵"垃圾"，乔丹终于成为NBA一个标志性人物。如果想要自己不受消极的影响，保持良好的心态，积极前进，那么需要我们不断地去清空自己心灵的"垃圾回收站"，保持心灵的平静整洁。

我们内心存在的垃圾，也许是过去我们经历的不愉快的事情，一直困扰着我们，也许是某种陋习，比如懒惰懒散，一直毒害着自己，也许是贪欲，让我们变得功利冷漠，也许是自卑怯懦，束缚着我们，也许是一些坏的情绪，比如忧愁，让我们陷入痛苦之中，比如易怒，让我们时时陷入烦躁之中，使得我们背负着沉重的包袱，越来越累，越来越失去了真我。找个时间，静下心来，客观实际地去审视自己的内心，勇敢地去面对那些心理的垃圾。将这些"垃圾"一条条地列出，先从简单的开始清扫，循序渐进，坚持不懈，才能逐渐清扫掉那些拖累心灵、拖累人生的垃圾。

第十章
凡事不要勉强，做自己想做的事情

　　人生最幸福的事情就是做自己想做的事情，让自己的人生足迹追随梦想的指引延伸到远方。假如我们总是以各种借口强迫自己做那些内心排斥的事情，说自己原本不想说的话语，那么我们的内心自然不会快乐，烦恼也会如影相随。所以，人生在世，我们应该追求本心，做自己想做的事情，这样的人生才是最精彩、最快乐的人生。

接纳自我，幸福的前提是爱自己

你的第一责任是使你自己幸福。你自己幸福，才能使别人幸福。幸福的人，但愿在自己的周围只看到幸福的人。正如费尔巴哈说的那样，世人都渴望幸福，孜孜不倦地追求幸福，但是却很少有人了解，幸福的前提是爱自己，只有在接纳自我的基础上，我们才会获得幸福的青睐。

现今，很多人都感到迷茫，不知道如何前进才能得到幸福，他们孤单，忧伤，甚至自卑。其实，这一切都是自己给自己造成的困扰，当我们试着去接纳自己的时候，获得幸福也就变得很简单了。

每个人都是独立的，一个人完全接纳别人很难，但是接纳自己却更难。我们时常为了自己的缺点而懊恼，并千方百计地想掩饰。当自己面对自己的时候，有些人常常就会陷入惧怕当中，不能自拔。但是人又不同于物件，不喜欢了可以扔掉。不能接纳自己，就意味着随时纠缠着自己的缺点，郁郁寡欢，甚至轻生，这绝对是一件非常可怕的事情。

在这个世界上并不存在绝对的完美，所以，一味苛求完美，不能容忍任何缺点的人，只会让自己陷入身心疲惫，痛苦失望的境地。在生活中只有正视并接受自己缺点的人，才是最有勇气，最有智慧的人。而那些自信心不强，将缺点视为失败的人，注定会成为一事无成的失败者。

有一个挑水夫，他有两个水桶，其中一个是完整无缺的新水桶，另一个是出现裂缝的旧水桶。在每次挑水的时候，挑水夫的新水桶都可以将满满的一桶水从溪边送到主人的家中，但旧水桶却只能送一半的水到主人家。

就这样挑水夫用新旧两个水桶每天送一桶半的水到主人家。完好的新桶对自己能够送满整桶水感到非常自豪，有裂缝的旧桶则对于自己只能挑起半桶水感到非常难过和惭愧。

经过两年失败的苦楚之后，有裂缝的旧桶终于忍不住对挑水夫说："我感到十分惭愧，因此，我要向你道歉。"

"你为什么要道歉呢？"挑水夫疑惑地问道。

"因为我的缺陷，在过去的两年中，我只能送半桶水到主人家，让你的辛勤劳动只能收到一半的成果。"有裂缝的旧桶说。挑水夫回答道："你不用难过，今天我们回家的路上，请你留意一下路旁盛开的花朵。"

回家的路上，有裂缝的桶第一次惊喜地发现，路的一旁开满了鲜艳的花朵。

挑水夫亲切地对旧桶说："你刚刚在路旁看花朵时，应该看到只有你那一边有花，而新桶那边就没有。知道吗，那都是你的功劳。知道你漏水，我便在路边撒了花种，让你漏出来的水浇灌这些花。两年来，这些美丽的花朵不仅装饰了主人的餐桌，也成为这路边最美丽的风景。"

聪明的挑水夫知道"善用物者无弃物，善用人者无废人"的道理，于是他将旧桶的劣势化为优势，让缺陷也有价值和卖点。其实，在这个世界上万物皆有用，缺点有时也会成为优点。所以，我们应该努力地让缺点向好的方面转化，而不是在缺点面前束手无策，一蹶不振。

一个人有缺点、有不足并不可怕，可怕的是不能正视并接受自己的缺点与不足。其实，只要人们可以正视缺点，坚决改正缺点，就可以找到自己的位置、自己的光源和自己的声音，那么，缺点就成了我们前进的动力，缺点就为人们提供了广阔的进步空间，缺点也就会成为亮点。

西方哲人曾说过这样一条真理"上帝给每个人赋予了一样独一无二的技能，只不过有的人找到了，有的人错过了。而能找到这个技能的人只有你自己"。这一生我们要做的就是尽早地找到自己的这个技能，将之发挥出来。这也是接纳自己的真谛，在接受我们身上缺点的同时，努力地发现自身的优点，学会了解自己，懂得自己，相信自己，爱自己。

接纳自我，比较聪明的一种方法是："人贵有自知之明。"缺点只有自己知道，然后通过不断努力，神不知鬼不觉地改正，这才是上上之策。其实这也是一种最高明的方法，神不知鬼不觉地消灭缺点，不断完善自己。

我们学会了接纳自己，当我们接纳自己的优点时，才不会骄傲自满；接纳自己的缺点时，才能够不断改正过错，从而成为一个尽可能完美的人。

回归自我，走真正属于你的路

人，一定要做自己想做的事情。这样，心才快乐，才更容易成功。我们既然活着，始终是要做一些事的，所以才有了梦想与追求，所以才随之产生了形形色色、各式各样的人生。

回归自我，就要倾听心灵的声音，做自己想做的事情，过自己想过的生活。不要总是生活在别人的世界中，为别人的一句话而活，那样的话，我们会生活得很累，自己的人生价值也不会实现。

要知道，当一个人怀揣着梦想踏入人生这趟未知旅程的时候；当一个人真正经历了世间的风风雨雨，艰难困苦以后，如若还能够保持自己最初的梦想，那么，这个人是真诚的，更是成功的。

现在社会，有些人为了名利，或许早就把曾经的梦想和追求扔到了一边，认为再无实现的可能。于是，苦苦逼迫自己，接纳自己不喜欢、不擅长的事情，但其实人生在世，一辈子很短，所以我们要好好珍惜。人只有做自己想做的事才能从中得到快乐，快乐地生活恐怕是绝大多数人所追求的。

怎样选择自己的人生，怎样定义自己的价值，决定了一个人今后人生的宽度和长度。回归自我，做自己喜欢的事情，走真正属于自己的路，将人生选择权掌握在自己的手中，如此才能快乐和幸福。

有一位女学员找到卡耐基，非常真诚地对他说：“我真是太幸运了，菲德尔咨询公司还有耐得物贸公司都决定录取我了。”那位女学员刚刚从大学毕业不久，其间一直没有找到什么称心如意的工作，所以报名参加了卡耐基的培训。这个消息对她来说无疑非常好，因为那两家公司在各自的行业都非常有名，待遇丰厚，一般刚刚毕业不久没有什么经验的大学生是很难进去的，而她却居然同时接到了两家公司的录取通知，确实很了不起。

卡耐基问她：“这两家公司都非常棒，那么你想选择加入哪一家呢？”那位女学员说：“我打算选择菲德尔咨询公司，因为我周围的朋友都认为我适合做咨询的工作。”几天以后，当那位学员来上课的时候，卡耐基问她：“你在菲德尔咨询公司工作得怎么样？还习惯吧？”

但是让卡耐基吃惊的是，女学员还没有做出选择，她说：“我还没有去菲德尔咨询公司，我妈妈对我说，贸易行业发展潜力大，所以建议我去耐得物贸公司，因为以后会从那里拿到更高的薪水。所以我改变了主意，决定去耐得物贸公司。”

这话也有道理，卡耐基听完之后认为这个女学员已经下定了决心去耐得物贸公司工作了，谁知道三天以后，她却找到了卡耐基，咨询说："卡耐基先生，您认为我选择菲德尔咨询公司还是耐得物贸公司呢？我拿不定主意，感觉好为难，不知道该怎么选择才好。"

卡耐基好奇地问道："你不是已经选择了耐得物贸公司了吗？怎么现在又开始拿不定主意了？"那位女学员说："我周围朋友都说我没有做贸易工作的天赋，都觉得我还是做咨询方面的工作才有发展前途。所以，我希望您能给我一些建议，帮我选择一下。"

卡耐基说："小姐，我不能帮你做任何的选择，也许我能提供一些所谓的建议，但是最终拿主意的还是你自己，你不能把人生的选择权利让给别人，你需要回归自我，走真正属于自己的路。"

卡耐基对人生选择的态度非常明确，就是一个人要牢牢掌握住自己人生的选择权利，回归自我，做自己想做、最喜欢做的事情，走真正属于自己的道路，这样才能获得美满的未来。假如一个人不了解真正的自我，在选择面前总是犹豫不决，甚至让别人帮助自己做出选择，那么人生对他们来说还有什么意义呢？

略萨就曾经说过："我敢肯定的是，作家从内心深处感到写作是他经历过的最美好的事情，因为对作家来说，写作是最好的生活方式。"所以，如果你回归了自我，做出了选择，正在做自己喜欢做的事，并付出了不懈的努力。那么，请你一定要坚持下去。

北大杰出代表俞敏洪曾经这样说："很多人面对未来，总是左思考右打算，就是不敢迈开大步向前走。其实规划好的人生并不多，回归自我、义无反顾勇敢向前的人常常得到更多，走得也更远。生命的远行不需要太多的准备，上帝给你两条长腿和坚实的脚掌，就是为了让你前行。向哪里走？让心告诉你……"这其实就是一种回归自我的生活方式，当我们选择了自己喜欢的道路，就勇敢地走下去，坚定持久，幸福也就在向我们招手了。

选择感兴趣的事，工作才有激情

我们一生中如果能做自己感兴趣的、真正想做的工作，是一件既难得又幸运的事。但是生活中我们总会遇到这样或者那样的阻碍，使得我们走上了自己并不喜欢的道路，很多人会把这一切归结为命运，认为命运使然，只得如此。其实做自己感兴趣的工作并不难，只要我们敢于跳出为自己设定的围墙，那么正能量就会回归我们的内心，我们面前的一切都豁然开朗。

20世纪80年代，因为对科学无比崇敬，刘浩带着成为一个伟大科学家的理想，选择了物理，而且当年的第一志愿只填写了北大物理系。一直到1992年他去美国的时候，这个想法依然没有变化，他还是希望自己能成为一个物理学领域的专家。

但是到了美国之后，全新的环境对刘浩的冲击使得他开始反思自己真正感兴趣的是什么，什么才是最适合自己的。有一次，他看到一个优秀的吉他手弹琴，发现那位吉他手的手指修长，正是这种极好的先天条件帮助那个人成了一个天才的演奏者。刘浩想："假如我继续研究物理，也许将来能当上教授，但不会成为第一流的。我觉得我成不了爱因斯坦。"于是，刘浩毅然放弃了物理，选择了自己更加喜爱的法律，因为他发现，在美国，法律已经渗透到了社会的方方面面，不管自己以后从事什么样的工作，法律都是有用的。

就这样，刘浩做了自己想做的事，毕业之后顺理成章地当了律师，通过律师资格考试他进入了美国一家著名的律师事务所。他工作得也很不错，从一开始的初级律师很快成为事务所重点培养的对象，很有可能在几年之后过上年薪百万美元的幸福生活。但是刘浩想做大事，想做自己真正想做的事情，不甘于帮别人做事。他开始期待回国，借着在Orchid Asia Holdings公司从事亚洲方面风险投资的机会，他回到阔别八年的祖国。做投资的三年里，刘浩的业绩颇为耀眼，他所负责的携程旅行网、易趣网等都已经成为运作十分成功的网站。

2002年年底，刘浩成为智联招聘的CEO，从幕后的投资人一下子变成了台前的决策者。他对自己正在做的工作给予了充分的肯定，他觉得自己正在自己喜欢的道路上不断前进。

刘浩能够坚持自己的梦想，做自己感兴趣的事情，所以他的工作充满了激情，他最终也成功了。现实生活中，我们也要坚持自己的梦想，学会做自己想做的事情。很多人常常以为，自己天生就知道能做一个什么样的人，但实际上，等我们长大以后，我们却丝毫不记得自己小时候曾经立下的大志。可见，坚持梦想，做自己感兴趣的事情，并不是一件容易的事情。

很多人之所以能够成功，成为别人羡慕的对象是因为他们的人生自始至终都在做着自己喜欢的事情，做了与自己性格和天性想做的事情，因为他们可以在这个过程中，时刻收获兴趣所散发出来的激情正能量，让自己即使遇到困难也坚持下来。而很多人之所以一辈子碌碌无为，很大一部分原因在于他们做了自己不喜欢的事情，虽然做了，却没有丝毫的激情，未必付出全力。一个人只有做自己最想做的事情，他才能始终让自己保持工作上的热忱，在某个行业之内成为领头羊。

著名房地产企业家王石，曾经于2011年1月开始长达3年的"问学"之旅，巡游华盛顿、纽约，并且来到著名的哈佛大学注册学生卡。他的朋友很不解，很多人都劝他说："你这个年龄和身份，还是踏踏实实享受人生吧！毕竟已上年岁，别太拼，轻松的心态去学。"王石如此回应："什么才叫享受人生？做自己想做的事情。"

说到底，想要做自己想做的事情，是需要巨大的勇气和魄力的，并不是一件容易的事情。王石此举意在圆自己的梦想，做自己一直想做的事情。知人者智，自知者明，攀登珠峰的勇者有多大的勇气才能下此决心。现实中，人要真正认识自己并不是那么容易，更有些人以"现实残酷身不由己"作为选择的理由，甘愿迷失前进的方向。其实生活中，只要我们拿出足够的勇气和魄力，做自己感兴趣的事情，选择自己喜欢的事业，能够倾听自己内心的呼唤，那么我们就会收获激情的正能量，续写未来的辉煌！

梦想其实也有保质期

梦想人人都有，不同的是，有的人实现了，有的人一直没有实现。究其原因，是因为梦想和食物一样，也是有保质期的：有些人敢于梦想，敢于行动，于是他们成功了；有些人虽有梦想，却不曾行动，于是他们的梦想变了质，成了幻想，遥不可及。

北大数学系天才柳智宇，在被美国麻省理工学院录取之后选择了出家做和尚，在当时引起了很大的社会争议。有的人说他"钻了牛角尖，没有考虑父母的感受"，也有人说"子非鱼，焉知鱼之乐"，认为每个人都有自己选择的自由。

其实柳智宇的梦想一直就是亲近禅学。他从2007年就开始积极参与北大禅学社的活动，还与社团的其他成员组织了"清凉合唱团"，"清凉"二字取自弘一大师的《清凉歌》——清凉月，月到天心光明殊皎洁，今唱清凉歌，心地光明一笑呵。2007年，小柳就随禅学社前往河北赵县柏林禅寺拜访高僧，受到热情接待。小柳吟诵《寒山诗》，其中的"夜板清澈耳"等词句，被赞为"如此的澄澈静谧"。这样的经历更加坚定了他亲近禅学的决心，为了实现自己的梦想，他最终选择了遁入空门，将自己寄托于青灯古佛之中。

很多人对北大数学天才的这个选择不理解，甚至惋惜。其实柳智宇的选择，正是在梦想面前敢于行动的典型，他的果敢使得梦想快速地实现，尽管摆在他面前的阻力曾经那么庞大！

看过《飞屋环游记》的人其实都明白这样一个道理：梦想是有保质期的，而且这个保质期比人们想象的更短。从小时候两小无猜的玩伴到之后的一起成长步入婚姻的殿堂，卡尔和艾莉生活的每一个瞬间都展现着他们爱情的美满。艾莉最喜欢去的地方就是仙境瀑布，很小的时候，到那里看看就是她的梦想。他们每天都在擦拭着代表者他们梦想的图画，拭去灰尘。但是岁月的脚步不曾因此而停留，艾莉衰老了，卡尔也老了，但是最不幸的是，艾莉最终离开了卡尔。

直到这个时候，老卡尔才明白，梦想是有保质期的，是需要去实现的。于是这个气球推销员做出了人生中最重大的一个决定——他要乘坐自己的房子去寻找那个仙境中的瀑布，为自己的爱妻艾莉找回那个失落的梦想。艰难险阻，老卡尔在奋力前行，中间遇到过很多磨难，在迷失方向之后奇迹般地到达了仙境瀑布。

假如老卡尔是在艾莉在世的时候实现了梦想？如果老卡尔没有选择去实现梦想？如果没有那么多的艰辛和幸运？如果气球最终没能幸运地迫降在断崖上？如果直到卡尔老死也没有踏出冒险的第一步？如果，一切的如果，给了多少人畏惧不前的理由，但是我们要明白的是，梦想也是有保质期的，没有勇气去行动，那么梦想终成为空想。

人活一世，梦想自然不能少，但敢于行动的精神更不可丢。如果说梦想是成功的阶梯，通向成功之门，那么务实的态度和务实的行动便是走一步所留下的每一个脚印。梦想虽然以空中楼阁为始，却是以不断追求、不断超越为过程，以化不可能为可能为终。

积极进取，幸福要靠双手来创造

湖南女侠秋瑾曾言："水击石则鸣，人激志则宏。"意思是流水碰到礁石会发出激荡的声音，人激发自己的志向则能做出一番大事业。生活中，我们常常会因为所谓的平淡而忘记自己的志向，使得自己安于现状，失去了再创辉煌的兴趣。但是很多人所忽视的是，在生活中的很多阶段，一个积极进取的人，往往能够创造出比别人更加辉煌的人生，这样的人乐观上进，有着宏大的人生目标，如此，拥抱幸福的概率也就越来越高了。

现实生活中，我们需要让自己的心态积极起来，用自己的双手创造舒适的环境，创造幸福感。这个世界上不存在不劳而获的幸福，假如一个人不愿意积极地去创造，那么就注定一辈子生活在窘境之中，和幸福间的距离越来越远。

正所谓"水激石则鸣，人激志则宏"。生活中的我们，要善于激发心中的积极心态，树立人生志向。

生活中，我们如何克服惰性、保持斗志，让自己始终积极进取呢？

首先，树立一个感兴趣的目标。其实，仔细回想生活中的事情不难发现，很多时候我们"懒得做""不想做"，大多是因为面对一件事情时没有兴趣，或者已经对它失去了兴趣。因此，使我们积极进取的最好办法，就是为自己树立一个感兴趣的目标，这样我们才能自觉地克服惰性，主动去追逐、去钻研、去努力。

其次，保持良好的心态。科学研究表明，我们的头脑并不容易产生倦怠感，使我们懈怠的，其实都是心理上的因素。这就表明，如果我们想让自己始终保持积极进取的状态，那么就一定要维持自己良好的心态。心理因素能够让我们远离倦怠，达到最高的工作效率。正如很多年轻人，在玩游戏的时候，常常四五个小时都不累；而在工作或学习时，不到半小时就昏昏欲睡了。这就是因为他们对游戏时刻保持着一种高涨的心态；而对工作和学习则热情低下，甚至有反感心理。

一个人，必须要有乐观积极的生活态度，这样才能在激励面前有所行动。假如一个人心态懒散，甚至失去自信，安于现状，那么即使受到再大的刺激，也不会采取什么行动，改变自己的命运。

其实很多时候我们的人生就是这样，当我们积极进取的时候，双手就犹如注入了魔法般神奇，一个个人生的大志向都会在手中变成现实。要知道人是需要被激励的，只有那些胸怀积极生活态度、懂得用自己的双手去创造未来的人才能做出一番伟大的事业，获得幸福的青睐。

坚定信念，梦想自然成真

信念是成功的第一秘诀。世上最可怕的不是敌手，而是我们自己，没有信念的心灵是我们最可怕的敌人。一个人，只有时刻保持着强烈的信念，自信满满，才有可能获得成功。有了信念，就有了前进的动力，就会获得空前的自信，行动起来也会更加积极，更加有力。

侯松容，36岁的时候被任命为康佳集团总裁。那个时候他面对的是一个非常严峻的形势：2001年，康佳巨额亏损6.9亿元，假如再有一年的亏损，作为上市公司的康佳将被迫出局，那样的局面是所有人不愿意看到的。

那个时候，任命下达之后，所有的人都不敢相信，这个年轻人真的能挑起重担，重振康佳昔日的辉煌吗？面对种种质疑，侯松容要把康佳做好做大的信念更加强大了。生死攸关，侯松容在信念的支撑下，首先解决了企业面对的信任危机。他一对一地和员工谈，和经销商谈，去日本、中国台湾和合作伙伴谈。紧接着，他不断完善企业的管理制度，矫正企业的发展方向，因为他知道，不发展，不提升，最终只能死亡。

在这种信念的支撑下，侯松容创造了奇迹——2004年，他和他的团队用行动和成绩打消了外界的质疑，使得康佳在短短的两年内就起死回生，扭亏为盈，整个销售业绩增长了将近一倍，成为业界津津乐道的楷模。而侯松容也因此获得了年度青年"五四奖章"。

有才能，还需要信念的支撑，这样才能创造出伟大的业绩，这就是侯松容向我们展示的成功法则。生活中，我们首先要坚定自己的信念，不管遇到什么样的困境，都不要轻言放弃，不要消极应付。唯有坚定信念之人，才会心想事成。

有一个法国人，年届45岁时，仍一事无成，离婚、破产、失业……他对自己非常不满，变得古怪、易怒。有一天，一个吉卜赛人在巴黎街头算命，他无聊地走过去，决定试一下。吉卜赛人看过他的手相之后，说："您是一个伟人，您很了不起！"

"什么？"他大吃一惊，"我是个伟人，你不是在开玩笑吧？"吉卜赛人平静地说："您知道您是谁吗？您是拿破仑转世！您身体流的血、您的勇气和智慧，都是拿破仑的啊！先生，您的面貌也很像拿破仑啊！"

"不会吧……"他迟疑地说，"我离婚了，我破产了，我失业了，我几乎无家可归……"

"那是您的过去，"吉卜赛人说，"您的未来可不得了！如果您不相信，就不用付钱给我了。不过，5年后，您将是法国最成功的人！因为，您就是拿破仑的化身！"

法国人表面装作极不相信地离开了，但心里却有了一种从未有过的美妙感觉，他有了一种成为伟人的信念。回家后，他想方设法寻找与拿破仑有关的著述来学习。渐渐地，他发现自己变了：他的气质、思维模式，都在不自觉地模仿拿破仑，就连走路、说话都像极了他，13年以后，也就是在他55岁的时候，他成了亿万富翁，成了法国赫赫有名的成功人士。人的信念就是如此神奇，它拥有一种神奇的力量。这种力量不断地创造我们的生活，使我们按照它行事。

美国的罗杰·罗尔斯是纽约第53任州长，也是纽约历史上第一位黑人州长。他出生在纽约声名狼藉的大沙漠贫民窟。这里环境肮脏，充满暴力，是偷渡者和流浪汉的聚集地。这里的孩子从小耳濡目染逃学、打架、偷窃甚至吸毒，长大后很少有人获得体面的职业。然而，罗杰·罗尔斯是个例外，他不仅考入了大学，而且成了州长。在就职的记者招待会上，记者们提了一个共同的话题："是什么把你推向州长宝座的？"面对300多名记者，罗尔斯对自己的奋斗史只字未提，他只说了一个非常陌生的名字——皮尔·保罗。后来人们才知道，皮尔·保罗是他小学的一位校长。

1961年，皮尔·保罗被聘为诺必塔小学的董事兼校长。当时正值美国嬉皮士流行的时代，他发现这里的穷孩子不与老师合作，他们旷课、斗殴，甚至砸烂教室的黑板。皮尔·保罗想了很多办法来引导他们，可是都没有效果。后来他发现这些孩子都很迷信，于是在他上课的时候就多了一项内容——给学生看手相。他用这个办法来鼓励学生。

当罗尔斯从窗台上跳下，伸着小手走近讲台时，皮尔·保罗说："我一看你修长的小拇指就知道，将来你是纽约州的州长。"当时，罗尔斯大吃一惊，因为长这么大，只有他奶奶使他振奋过一次，说他可以成为五吨重的小船的船长。这一次皮尔·保罗先生竟说他可以成为纽约州的州长，着实出乎他的预料。他记下了这句话，并且相信了它。

从那天起，"纽约州州长"就像一面旗帜鼓舞着他奋进。他的衣服不再沾满泥土，他说话时也不再污言秽语，他开始挺直腰杆走路，他当了班主席。在以后的40多年间，他没有一天不按州长的身份要求自己。51岁那年，他真的成了州长。

他在就职演说中说："信念值多少钱？信念是不值多少钱的，它有时甚至是一个善意的欺骗，然而你一旦坚持下去，它就会迅递升值。""信念是任何人都可以免费获得的，所有成功的人，最初都是从一个小小的信念开始——信念就是所有奇迹的萌发点。"

罗尔斯的成功告诉我们一个这样的道理：一个人的脑海中植入了什么样的信念，那么今后的人生就会产生什么样的结果。很多时候，看似缥缈的"心想事成"其实并不遥远，只要我们有足够的信念，那么我们的人生一定是多彩辉煌的人生！

一条路走不通，还有无数条路可以走

信念是人生之路上的指明灯，所以我们要坚持信念，不抛弃，不放弃。但是坚持信念并不是说要我们死抓着不放，钻牛角尖，信念需要我们灵活地坚持，透过现象看到事物的本质，不要只看表面，一味坚持。

有一天，老人把自己的三个徒弟叫到了身边，当着他们的面写了一句诗：绵绵阴雨二人行，怎奈天不淋一人。写完之后他问弟子们："你们回答为什么'不淋一人'呢？"第一个弟子说："我觉得应该是说有两个人在雨天行走，他们肯定都穿着雨衣。"第二个弟子说："他说得不对，我认为答案不可能那么简单。我想下的雨肯定是局部的，一个人走在雨中，另一个人却没有被淋到。"第三个弟子说："其实有一个没淋雨，是因为他走在屋檐下，下雨的时候屋檐下怎么会有雨呢？"

老人听了三个徒弟各自的回答之后，笑着对他们说："你们回答得都不正确，你们先前都跟随在我的身边，每天跟着我，却没有什么长进，知道是什么原因吗？"三个弟子听了之后都惭愧地低下了头，师父紧接着说："你们都没有进展的原因主要是因为都只在佛经的偏面徘徊，爱死钻牛角尖。你们都执着于'不淋一人'这一点上，所以才没有得出正确的答案。其实，所谓的'不淋一人'不就是两个人都在淋雨吗？"

坚持自己的信念，也是如此，不能只停留于信念的表面而看不到最本质的东西。信念说到底就是一个方向，不管我们采用什么样的方法，只要是朝着这个方向前进，其实都是一种坚持。

玩过迷宫游戏的人都知道，在遇到死胡同的时候，需要掉头向回走，寻找新的出路。其实，有时候信念的坚持就像迷宫游戏，会有很多走不通的路在前方等着我们。而我们要做的就是在坚持自己人生前进方向的时候懂得变通，不让自己钻进牛角尖。一个善于变通、不喜欢钻牛角尖的人，不仅可节省更多时间，更能让自己的坚持收到意想不到的效果。

有一位犹太出版商由于一批滞销的图书，总是闷闷不乐。就在他愁眉不展时，一个计谋涌上心头。出版商送给总统一本滞销的图书，并三番五次地跑去让总统对此书提意见。公务繁忙的总统根本没时间去看出版商送来的书，但又苦于他的纠缠，就随口说："这本书很好看。"出版商抓住总统的话大作宣传，于是这本"总统最爱看的书"，一下子就销售一空。

在过了一段时间之后，这位出版商又有卖不出去的书，他便又送了一本给总统。总统鉴于上次经验，想奚落他，就说："这书糟糕透了。"出版商闻之，灵机一动，又开始新一轮的宣传。"总统最讨厌的书"又成了大家争相抢购的紧俏品。

在出版商第三次把书送给总统时，总统接受了前两次教训，便不予回答而将书弃之一旁，出版商却大做广告："有总统难以下结论的书，欲购从速。"居然又被一抢而空，总统哭笑不得，商人大发其财。

站在一般的角度看，这个犹太出版商十分狡猾。但是，如果用不一样的视角观察就会发现，这位出版商信念坚定却又是个善于变通的高手。他想借助总统对书的态度把书的销路打开，于是三番两次让总统作评价，而对总统不同的评价，又总是能变通地服务于自己卖书发财的信念。在生活中，假如每个人在坚持自己信念的同时都能用变通的思想去看问题，那么，很多不好的事情都会出现新的转机，而只有发现这些转机，才能找到新的出路，迎接新的挑战与胜利。

当一条辨不清方向，又漆黑一片的路出现在面前时，我们的信念会激励我们一直走下去。但是，假如当我们意识到这条路走不通的时候，就需要拿出勇气掉过头来重新开始，一条路不通，可以另辟蹊径，不要总是不撞南墙心不死，撞得头破血流的。每个人都有上进心，都希望走向光明的康庄大道，但有时候退一步才能海阔天空。

有一只非常勤奋的蚂蚁，一不小心误入了牛角。弯弯的牛角在很小的蚂蚁看来就像是一条极宽阔的隧道。蚂蚁想，只要走出隧道，定会是一个富饶美丽的洞天福地，可是谁知，脚步下的路却越走越窄，到后来竟难以容身面临绝境。此时，蚂蚁不得不停下来认真思考，经过一番激烈的痛苦的思想斗争，它决心掉过头来，重新开始。

这一回，它由牛角尖向牛角口进发，结果它惊喜地发现，道路越走越宽广，越走越美，而且走出了牛角，这时候天是蓝的水是绿的，心舒气爽，万物生辉。它高兴得像只快乐的小鸟，一边歌唱，一边自由奔跑。

有人说，我们没有办法改变天气，却可以改变自己的心情，我们没有办法掌控别人，我们却可以把握自己。其实，我们何尝不能在钻进牛角尖时，冷静地思考一下，从思维方式上做一些调整，让自己拥有一个良好的心态，走出失败的深渊，奔向美好的未来呢。我们都欣赏遇到困难肯变通、能适应的人，因为只有这样的人才能在任何时候都不受外界因素的影响，在非常时期也能应付突发事件，给人柳暗花明的境界。

改变不了事实，不如改变自己

有一句话，人生不如意十有八九。每个人都会遇到烦恼焦躁的事情，这些事实是无法改变的，那么我们应该怎么面对这些事情呢？那就是改变自己的态度。

一位出租车司机，载着乘客去寺庙上香，他自己也进了佛殿，满面愁容，唉声叹气。一旁的大和尚问他因何忧愁，他立即愤愤地说："每天工作十几个小时，也赚不到什么钱，真是遭罪！""那你的车子坐起来应该是很舒服的。"他激动地说："舒服个鬼！不信你每天坐12个小时看看，看你还会不会觉得舒服？！"接着他又开始抱怨路上的车太多，路况太差等。大和尚微微一笑，说："有一位司机经常在本寺附近开车，每次看到他，他总是笑容满面。我曾经问过他司机的工作苦不苦，他说：'当然苦了，但是我有个秘密武器能让自己每天都高兴。'"司机忙问："什么秘密武器？""他会换个想法看问题，哄自己开心，例如，他觉得出来开车，其实是客人付钱请他出来玩。去郊区，一般司机不喜欢去，但是他觉得是顾客花钱请他到郊区玩，他很少有时间去郊区玩的，到了那里，他可以顺道看看那里的景色，呼吸呼吸新鲜空气，然后离开。来寺庙也是如此，他会觉得是有人出钱请他来积福报的，既有钱，何乐而不为？"司机似有所悟，慢慢地点了点头。

同样是出租车司机，这位司机只是想到了生活中坏的一面，总是烦恼愤怒，将自己搞得心情抑郁，连带着影响到他的生意，而那位总是笑容满面的司机师傅呢，无论接到什么样的活，总会觉得是自己赚着钱，还能免费游玩。像他这样心情愉悦的人，总是能带给别人好的心情，生意肯定会很好。其实事情没有改变，只是改变了自己的想法，却会大不相同。

有个名叫爱丽丝的女人，她随丈夫住在加州莫嘉佛沙漠附近的陆军训练营里，她很讨厌这个地方，甚至是深恶痛绝。当她丈夫出差的时候，她只能一个人留在那间破旧的小屋中。沙漠里多的是仙人掌，天气炎热，风吹得到处都是沙子，她找不到一个人来聊天说话，因为这边的人都是墨西哥人和印第安人，而他们不会说英语。她非常难过，想要回家，一刻都不想待在这个鬼地方，她给她的父母写了一封信，告诉父母，她在这个地方一分钟也待不下去了，待在这里还不如住到监狱里去，而她的父亲只给她回了一句话：一个人从监狱铁栏里往外看，看到的尽是烂泥，而另一个人看到的却是满天星斗。她将父亲的回信读了一遍又一遍，她觉得很惭愧，下定决心，一定要找出当时情形下还有什么好地方，她要去看那些"星星"。

爱丽丝慢慢地和当地人交上了朋友，当地人对她的态度令她惊奇：

当她表示对他们织的布和做的陶器感兴趣的时候,他们就把那些不肯卖给游客而且是最好的东西送给她当礼物。爱丽丝慢慢对周围的景色有了兴趣,她会仔细观察仙人掌和丝兰迷人的形态,会去欣赏沙漠日落的景色,她还会去找贝壳,因为那边沙漠曾经是海床,她觉得沙漠里的景色真是壮观、漂亮极了,她一天比一天快乐。

是什么使得爱丽丝发生了惊人的变化呢?这里的一切自然环境没有变化,印第安人也没有变化,可是爱丽丝发生了变化,她改变了她的态度。她把那些令人颓废的境遇和切身感受写成了一本小说——《光明的城堡》。她从她自己设下的"监狱"中向外开,终于看到了她的"星星"。

幸福快乐都不是别人赐予的,是需要你自己寻找的,这种寻找,只不过是需要你转变一下自己的态度而已。就如同爱丽丝,一样的环境,一样的人,不同的只是她自己的态度,前后的感受却是如此的不同,一个颓废苦恼,一个幸福快乐。她的经历告诉我们既然改变不了客观事实,那么就改变一下我们的态度,以积极的思想去思考问题,你会发现事情根本没有那么糟糕,相反这些事情本身还会存在美好的一面。

"如果只有一个柠檬,就做成柠檬水。"这是聪明人的做法,而悲观者的做法正好相反,当他发现他拥有的只有一个柠檬的时候,他会非常地沮丧,自暴自弃,他会觉得他完了,这辈子都不会有所发展了,也只能拥有这唯一的一个柠檬了,然后他会怨天尤人,破罐子破摔,一辈子都让自己沉浸在自卑自怜的情绪中，让自己无所作为。而聪明的人只有这一个柠檬的时候，他会去思考如何改变自己的命运，将柠檬做成柠檬水。

　　在美国加州有一位农夫名叫皮特，他买了一块土地以后，非常沮丧懊恼，因为这块地非常坏，既不能种水果，也不能养猪，而能在那片土地上生存的只有白杨树和响尾蛇。他细细地观察他的那块土地，思考着如何能利用起这土地上的两种生物，创造出他自己的财富。终于他想到了一个利用响尾蛇的好办法。他将从响尾蛇身上取下的蛇毒卖给各大药厂制作蛇毒血清，将响尾蛇的蛇皮高价卖出，做成漂亮的皮包和皮鞋，而将响尾蛇肉制成了罐头，这样一来，毫无用处的响尾蛇全身都是宝贝，每一处都能创造出惊人的财富。现在他的生意越做越大，而且有数以万计的游客来参观响尾蛇农场，这推动了村子中其他产业的发展。村子为了感谢他，就改名为加州响尾蛇村。

　　每一个人都希望自己找到一个好的角度下手，将事情做得尽善尽美，那么好的角度是从何而来呢？当然是思维。同样的事情，不同的思维决定了不同的出路，而农夫皮特的成功事迹就证实了这一点。他改变了自己的态度和想法，将自己的消极思想转变为积极思考之后，那些本来只存在劣势的情形竟然发生了惊天逆转，成为他的财富来源。

　　伟大的心理学家阿佛瑞德·安德尔花了一辈子的时间来研究人类隐藏的能力，他说："人类最奇妙的特性之一，就是把负的能量转变成正的能量。"每一个人都有将负能量转变成正能量的能力，关键是看你自己的态度，是传递着正能量还是散发着负能量，你的态度决定了事情的好坏。